EUROPA-FACHBUCHREIHE
für Bautechnik

Fachmathematik Bautechnik Formeln und Tabellen

AF856107

7. Auflage

Bearbeiter der **„Fachmathematik Bautechnik“ Formeln und Tabellen**

Frey, Hansjörg	Dipl.-Ing.	Göppingen
Herrmann, August	Dipl.-Ing. (FH), Oberstudienrat a.D.	Schwäbisch Gmünd
Kuhn, Volker	Dipl.-Ing., Architekt	Höpfingen
Massinger, Emil	Dr.-Ing., Studiendirektor a.D.	Pforzheim
Stemmler, Christian	Dipl.-Gwl., Studienrat	Wertheim-Dörlesberg
Waibel, Helmuth	Bauingenieur	Ummendorf

Lektorat und Leitung des Arbeitskreises:
Hansjörg Frey, Dipl.-Ing., Göppingen

Bildbearbeitung:
Zeichenbüro Irene Lillich, Schwäbisch Gmünd

ISBN 978-3-8085-4237-8

7. Auflage 2014
Druck 5 4
Alle Drucke derselben Auflage sind parallel einsetzbar, da sie bis auf die Behebung von Druckfehlern untereinander unverändert sind.

http://www.europa-lehrmittel.de
Satz und Druck: Tutte Druckerei & Verlagsservice GmbH, Salzweg

Europa-Nr.: 42314

Inhaltsverzeichnis

Tabellenverzeichnis

1 Rechnerische Grundlagen

1.1 Grundrechenarten

Tabelle A 3/1: Grundrechenarten

Rechenart		Rechenzeichen	Rechenvorgang mit Beispiel
Strichrechnung	Addition	+	Summand plus Summand gleich Summe 3 + 6 = 9
	Subtraktion	–	Minuend minus Subtrahend gleich Differenz 8 – 3 = 5
Punktrechnung	Multiplikation	·	Faktor mal Faktor gleich Produkt 7 · 4 = 28
	Division	:	Dividend geteilt durch Divisor gleich Quotient 15 : 3 = 5

Kommen in einer Aufgabe sowohl Punkt- als auch Strichrechnungen vor, so müssen **Punktrechnungen vor den Strichrechnungen** durchgeführt werden.

Bei der **Addition einer negativen Zahl** wird die negative Zahl subtrahiert.
Bei der **Subtraktion einer negativen Zahl** wird die negative Zahl addiert.

Bei der **Multiplikation und Division** von **Zahlen mit gleichen Vorzeichen** wird das Ergebnis **positiv**.
Bei der **Multiplikation und Division** von **Zahlen mit ungleichen Vorzeichen** wird das Ergebnis **negativ**.

Tabelle A3/2: Mathematische Zeichen

Zeichen	Bezeichnung	Beispiel	Zeichen	Bezeichnung	Beispiel
+	plus	$5 + 3 = 8$	≠	ungleich	$8 \neq 13$
—	minus	$9 - 5 = 4$	≙	entspricht	1 kg ≙ 10 N
·	multipliziert	$3 \cdot 6 = 18$	≈	nahezu gleich	$\frac{1}{3} \approx 0{,}33$
:	dividiert	$21 : 7 = 3$	<	kleiner als	$5 < 8$
=	gleich	$6 + 4 = 10$	>	größer als	$7 > 2$

1.2 Brüche

Tabelle A3/3: Arten von Brüchen

Art	Bedingung	Beispiele
Echter Bruch	Zähler ist kleiner als Nenner	$\frac{1}{3}$ $\frac{4}{5}$ $\frac{7}{8}$
Unechter Bruch	Zähler ist größer als Nenner	$\frac{4}{3}$ $\frac{9}{5}$ $\frac{17}{8}$
Gleichnamige Brüche	Nenner sind gleich	$\frac{1}{5}$ $\frac{2}{5}$ $\frac{4}{5}$
Ungleichnamige Brüche	Nenner sind nicht gleich	$\frac{1}{3}$ $\frac{2}{7}$ $\frac{3}{5}$
Gemischte Zahl	Ganze Zahl mit Bruch	$3\frac{1}{3}$ $2\frac{1}{5}$ $7\frac{5}{9}$
Dezimalbruch	Nenner ist 10 oder ein Vielfaches	$\frac{9}{10}$ $\frac{12}{100}$ $\frac{25}{1000}$

Erweitern heißt Zähler und Nenner mit der gleichen Zahl multiplizieren.
Kürzen heißt Zähler und Nenner mit der gleichen Zahl dividieren.
Summanden im Zähler und Nenner dürfen **nicht** gekürzt werden.
Bei gleichnamigen Brüchen werden die Zähler addiert oder subtrahiert und der Nenner beibehalten.

Multiplikation von Brüchen

Bruch mit ganzer Zahl

Die ganze Zahl wird mit dem Zähler multipliziert. Der Nenner bleibt unverändert.

Bruch mit Bruch

Zähler wird mit Zähler und Nenner mit Nenner multipliziert.

Gemischte Zahl

Gemischte Zahlen werden zuerst in unechte Brüche verwandelt und dann miteinander multipliziert.

Beispiele:

$$\frac{4}{9} \cdot 7 = \frac{4 \cdot 7}{9} = \frac{28}{9} = \mathbf{3\frac{1}{9}}$$

$$\frac{3}{5} \cdot \frac{4}{7} = \frac{3 \cdot 4}{5 \cdot 7} = \mathbf{\frac{12}{35}}$$

$$2\frac{1}{2} \cdot 3\frac{2}{3} = \frac{5}{2} \cdot \frac{11}{3} = \frac{5 \cdot 11}{2 \cdot 3} = \frac{55}{6} = \mathbf{9\frac{1}{6}}$$

Division von Brüchen

Bruch durch Bruch (Doppelbruch)

Erster Bruch wird mit dem Kehrwert des zweiten Bruches multipliziert.

Bruch durch ganze Zahl

Die ganze Zahl wird als Bruch geschrieben und dessen Kehrwert mit dem ersten Bruch multipliziert.

Ganze Zahl durch Bruch

Die ganze Zahl wird mit dem Kehrwert des Bruches multipliziert.

Gemischte Zahl

Gemischte Zahlen sind in unechte Brüche umzuwandeln. Der erste Bruch wird mit dem Kehrwert des zweiten Bruches multipliziert.

Beispiele:

$$\frac{\frac{5}{8}}{\frac{4}{3}} = \frac{5}{8} : \frac{4}{3} = \frac{5 \cdot 3}{8 \cdot 4} = \mathbf{\frac{15}{32}}$$

$$\frac{7}{9} : 4 = \frac{7}{9} : \frac{4}{1} = \frac{7 \cdot 1}{9 \cdot 4} = \mathbf{\frac{7}{36}}$$

$$7 : \frac{3}{4} = 7 \cdot \frac{4}{3} = \frac{7 \cdot 4}{3} = \mathbf{\frac{28}{3}}$$

$$4\frac{1}{2} : 1\frac{1}{4} = \frac{9}{2} : \frac{5}{4} = \frac{9 \cdot 4}{2 \cdot 5} = \frac{36}{10} = \mathbf{\frac{18}{5}}$$

Hauptnenner

Der Hauptnenner ist das kleinste gemeinsame Vielfache (kgV).

Beispiele:

$$\frac{1}{2} + \frac{2}{3} = \frac{1 \cdot 3}{2 \cdot 3} + \frac{2 \cdot 2}{3 \cdot 2} = \frac{3 + 4}{6} = \mathbf{\frac{7}{6}}$$

$$\frac{2}{5} - \frac{1}{10} + \frac{3}{2} = \frac{2 \cdot 2}{5 \cdot 2} - \frac{1}{10} + \frac{3 \cdot 5}{2 \cdot 5} = \frac{4 - 1 + 15}{10} = \frac{18}{10} = \mathbf{\frac{9}{5}}$$

$$\frac{47}{12} + 2\frac{7}{9} - \frac{23}{18} + 3 = \frac{47 \cdot 3}{12 \cdot 3} + \frac{25 \cdot 4}{9 \cdot 4} - \frac{23 \cdot 2}{18 \cdot 2} + \frac{3 \cdot 36}{1 \cdot 36}$$

$$= \frac{141 + 100 - 46 + 108}{36}$$

$$= \frac{303}{36}$$

$$= \mathbf{\frac{101}{12}}$$

Nenner	Faktoren				Erweiterungsfaktor
12	2	2	3		$\frac{36}{12} = \mathbf{3}$
9			3	3	$\frac{36}{9} = \mathbf{4}$
18		2	3	3	$\frac{36}{18} = \mathbf{2}$

Hauptnenner ▽ ▽ ▽ ▽ $2 \cdot 2 \cdot 3 \cdot 3 = \mathbf{36}$

1.3 Potenzen

$a^n = c$
$a^n = a \cdot a \cdot a \ldots \cdot a$ **a kommt *n*-mal als Faktor vor**

a **Grundzahl**
n **Hochzahl**
c **Potenzwert**

Tabelle A 5/1: Berechnung von Potenzen		
Regel	allgemeine Form	Zahlenbeispiele
Jede Potenz mit der Basis 1 hat auch den Potenzwert 1	$1^n = 1$	$1^3 = 1 \cdot 1 \cdot 1 = 1$
Jede Potenz mit der Basis 0 und einem ganzen positiven Exponenten hat den Potenzwert 0	$0^n = 0$	$0^2 = 0 \cdot 0 = 0$
Jede Potenz mit dem Exponent 0 hat den Potenzwert 1	$a^0 = 1$	$(+5)^0 = 1 \quad (-5)^0 = 1$
Jede Potenz mit dem Exponent 1 hat den gleichen Potenzwert wie die Basis	$a^1 = a$	$(+3)^1 = 3 \quad (-3)^1 = -3$
Eine Potenz mit negativer Basis und geradem Exponent hat immer einen positiven Potenzwert	$(-a)^{2n} = +a^{2n}$	$(-6)^2 = (-6) \cdot (-6) = +36$
Eine Potenz mit negativer Basis und ungeradem Exponent hat immer einen negativen Potenzwert	$(-a)^{2n+1} = -a^{2n+1}$	$(-4)^3 = (-4) \cdot (-4) \cdot (-4) = -64$
Eine Potenz mit negativem Exponent kann als Bruch mit der Basis und positivem Exponent im Nenner geschrieben werden	$a^{-n} = \frac{1}{a^n}$	$3^{-2} = \frac{1}{3^2} = \frac{1}{9}$
Zehnerpotenzen mit positivem Exponent sind größer als 1	$a \cdot 10^n$	$2{,}5 \cdot 10^3 = 2{,}5 \cdot 1000 = 2500$
Zehnerpotenzen mit negativem Exponent sind kleiner als 1	$a \cdot 10^{-n}$	$25 \cdot 10^{-2} = \frac{25}{100} = 0{,}25$

1.4 Wurzeln

$\sqrt[n]{a} = c$
$a^n = a \cdot a \cdot a \ldots \cdot a$ **a kommt *n*-mal als Faktor vor**

$\sqrt{\ }$ **Wurzelzeichen**
a **Radikand**
n **Wurzelexponent**
c **Wurzelwert**

Tabelle A 5/2: Berechnung von Wurzeln		
Regel	allgemeine Form	Zahlenbeispiel
Jede Wurzel aus dem Radikand 1 ergibt den Wurzelwert 1	$\sqrt[n]{1} = 1$	$\sqrt{1}$; $\sqrt[3]{1}$
Jede Wurzel aus dem Radikand 0 ergibt den Wurzelwert 0	$\sqrt[n]{0} = 0$	$\sqrt{0}$; $\sqrt[3]{0}$
Die Quadratwurzel aus einem positiven Radikanden ergibt einen Wurzelwert mit positivem und negativem Vorzeichen	$\sqrt{a^2} = \pm a$	$\sqrt{9} = \sqrt{(\pm 3)^2}$ $\sqrt{9} = \pm 3$
Die Quadratwurzel aus einem negativen Radikanden kann nicht gezogen werden	—	$\sqrt{-9}$
Beim Ziehen der Quadratwurzel werden beim Radikanden immer 2 Stellen abgestrichen. Diese ergeben beim Wurzelwert jeweils 1 Stelle	—	$\sqrt{1\,|00\,|00} = 100$ $\sqrt{0{,}00\,|01} = 0{,}01$
Ist beim Wurzelziehen der Radikand keine Quadratzahl, die aufgeht, so versucht man den Radikanden in solche reinen Quadratzahlen zu zerlegen und daraus teilweise die Wurzel zu ziehen	$\sqrt{a^2 b} = a\sqrt{b}$	$\sqrt{10\,|00} = \sqrt{10 \cdot 100}$ $\sqrt{1000} = 10\sqrt{10}$

1.5 Gleichungen

Eine Gleichung bleibt im Gleichgewicht, wenn auf beiden Seiten die gleichen Rechenoperationen vorgenommen werden.

Eine Gleichung bleibt im Gleichgewicht, wenn eine Zahl von der einen Seite zur anderen Seite mit umgekehrtem Rechenzeichen gebracht wird.

Beispiele:

$$x + 5 = 15$$
$$x + 5 - 5 = 15 - 5$$
$$\mathbf{x = 10}$$

$$x - 5 = 15$$
$$x - 5 + 5 = 15 + 5$$
$$\mathbf{x = 20}$$

$$5 \cdot x = 15$$
$$\frac{5 \cdot x}{5} = \frac{15}{5}$$
$$\mathbf{x = 3}$$

$$\frac{x}{5} = 15$$
$$\frac{x \cdot 5}{5} = 15 \cdot 5$$
$$\mathbf{x = 75}$$

1.6 Prozentrechnen

Prozentwert = Grundwert · Prozentsatz

$$W = \frac{G \cdot p}{100}$$

$$\text{Prozentsatz} = \frac{100\ \% \cdot \text{Prozentwert}}{\text{Grundwert}}$$

$$p = \frac{100\ \% \cdot W}{G}$$

$$\text{Grundwert} = \frac{\text{Prozentwert} \cdot 100}{\text{Prozentsatz}}$$

$$G = \frac{W \cdot 100}{p}$$

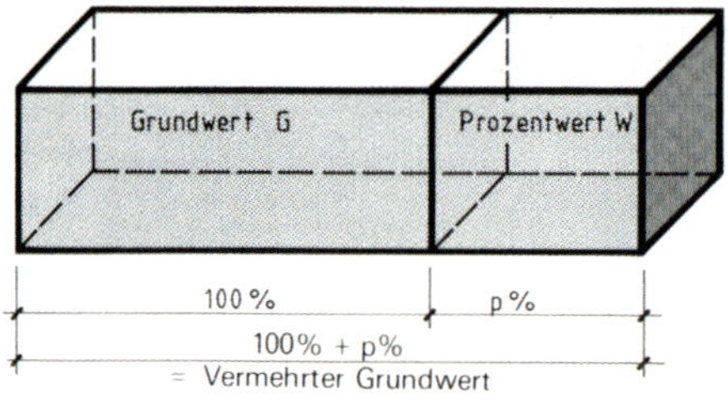

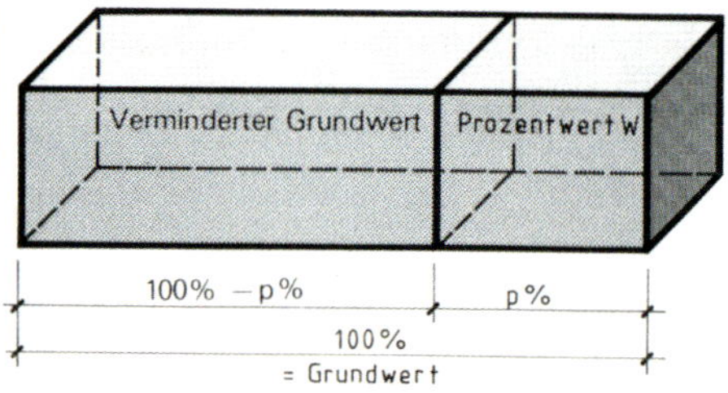

vermehrter Grundwert = Grundwert + Prozentwert

verminderter Grundwert = Grundwert – Prozentwert

1.7 Zinsrechnen

$$\text{Zins} = \frac{\text{Kapital} \cdot \text{Zinssatz} \cdot \text{Laufzeit}}{100}$$

$$Z = \frac{K \cdot p \cdot t}{100}$$

$$\text{Kapital} = \frac{\text{Zins} \cdot 100}{\text{Zinssatz} \cdot \text{Laufzeit}}$$

$$K = \frac{Z \cdot 100}{p \cdot t}$$

$$\text{Zinssatz} = \frac{\text{Zins} \cdot 100}{\text{Kapital} \cdot \text{Laufzeit}}$$

$$p = \frac{Z \cdot 100}{K \cdot t}$$

$$\text{Laufzeit} = \frac{\text{Zins} \cdot 100}{\text{Kapital} \cdot \text{Zinssatz}}$$

$$t = \frac{Z \cdot 100}{K \cdot p}$$

2 Längen

2.1 Einheiten: Meter (m); Dezimeter (dm), Zentimeter (cm) Millimeter (mm) und Kilometer (km)

Multiplikator	· 1 000	· 10	· 10	· 10	von Einheit zu Einheit	
–	km	m	dm	cm	mm	–
km	1	1 000	10 000	100 000	1 000 000	km
m	0,001	1	10	100	1 000	m
dm	0,000 1	0,1	1	10	100	dm
cm	0,000 01	0,01	0,1	1	10	cm
mm	0,000 001	0,001	0,01	0,1	1	mm
von Einheit zu Einheit		: 1 000	: 10	: 10	: 10	Teiler

2.2 Gerade Längen

Quadrat

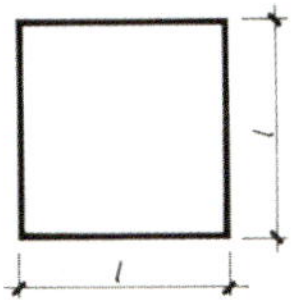

$$U = 4 \cdot l$$

Rechteck

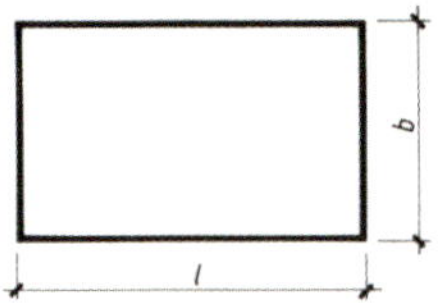

$$U = 2 \cdot l + 2 \cdot b$$
$$U = 2\,(l + b)$$

Raute

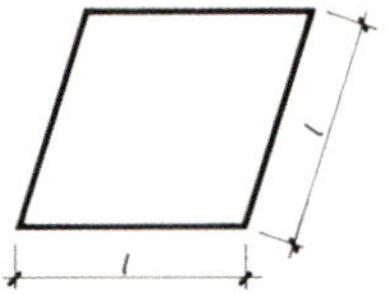

$$U = 4 \cdot l$$

Parallelogramm

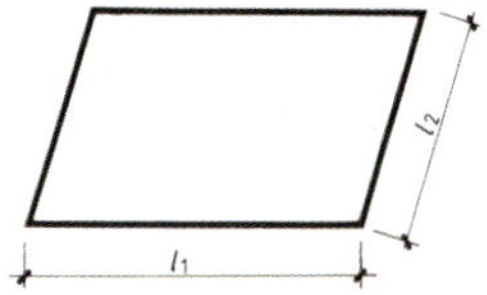

$$U = 2 \cdot l_1 + 2 \cdot l_2$$
$$U = 2\,(l_1 + l_2)$$

Trapez

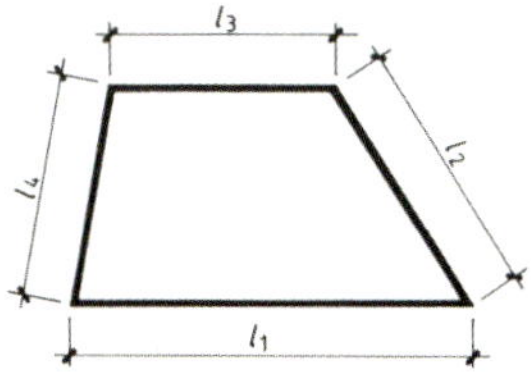

$$U = l_1 + l_2 + l_3 + l_4$$

Dreieck

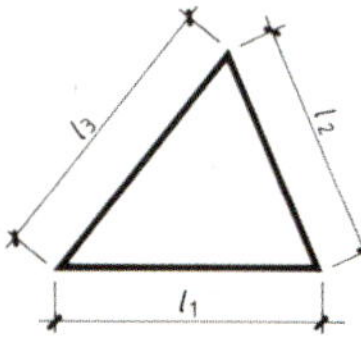

$$U = l_1 + l_2 + l_3$$

Regelmäßiges Sechseck

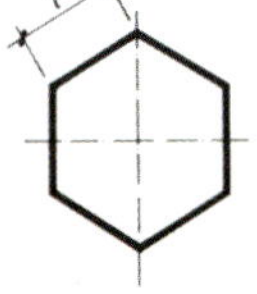

$$U = 6 \cdot l$$

Unregelmäßiges Fünfeck

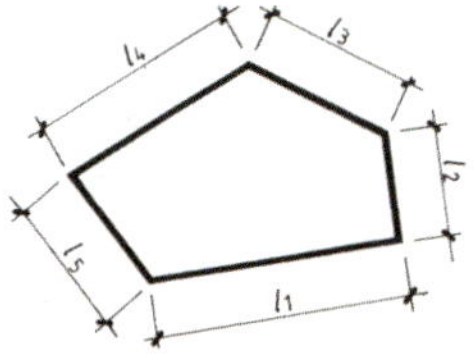

$$U = l_1 + l_2 + l_3 + l_4 + l_5$$

2.3 Gekrümmte Längen

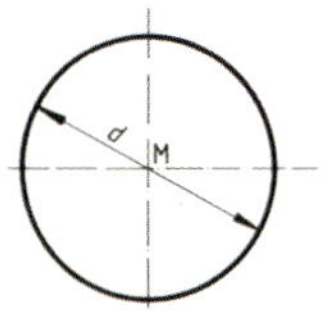

Kreisumfang

$$U = \pi \cdot d \qquad d = \frac{U}{\pi}$$

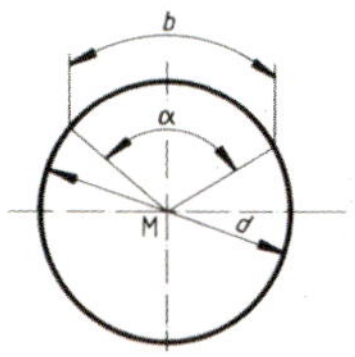

Kreisbogen

$$b = \pi \cdot d \cdot \frac{\alpha}{360^\circ}$$

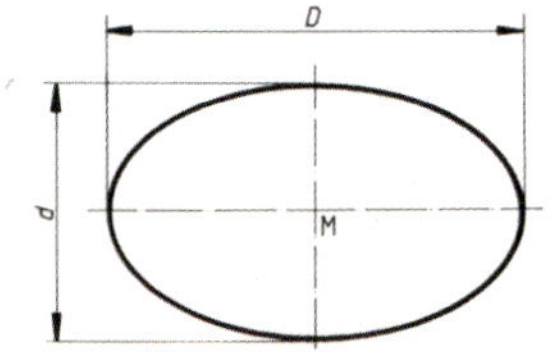

Ellipsenumfang

$$U \approx \pi \cdot \frac{D + d}{2}$$

2.4 Maßstäbe

$$\textbf{Länge in der Zeichnung} = \frac{\textbf{wirkliche Länge}}{\textbf{Verhältniszahl}}$$

Beispiel: Wirkliche Länge 1,24 m, M 1 : 20

Lösung:

$$\text{Länge in der Zeichnung} = \frac{1240\,\text{mm}}{20} = \mathbf{62\,mm}$$

Wirkliche Länge
= Länge in der Zeichnung · Verhältniszahl

Beispiel: Länge in der Zeichnung 3,5 cm M 1 : 50

Lösung: Wirkliche Länge = 3,5 cm · 50 = **175 cm**

$$\textbf{Verhältniszahl} = \frac{\textbf{wirkliche Länge}}{\textbf{Länge in der Zeichnung}}$$

Beispiel: Wirkliche Länge 8,00 m
Länge in der Zeichnung 40 mm

$$\text{Lösung: Verhältniszahl} = \frac{8000\,\text{mm}}{40\,\text{mm}} = 200$$

Maßstab	Rechenvorteil	Beispiel	Lösung
1 : 5	$\frac{1}{5} = \frac{2}{10}$	wirkliche Länge 75 cm	Länge in der Zeichnung $= \frac{75\,\text{cm} \cdot 2}{10} = \frac{150\,\text{cm}}{10} = \mathbf{15\,cm}$
		Länge in der Zeichnung 14 mm	Wirkliche Länge $= \frac{14\,\text{mm} \cdot 10}{2} = \frac{140\,\text{mm}}{2} = \mathbf{75\,mm}$
1 : 50	$\frac{1}{50} = \frac{2}{100}$	Wirkliche Länge 3,35 m	Länge in der Zeichnung $= \frac{3350\,\text{mm} \cdot 2}{100} = \frac{6700\,\text{mm}}{100} = \mathbf{67\,mm}$
		Länge in der Zeichnung 28,6 cm	Wirkliche Länge $= \frac{286\,\text{mm} \cdot 100}{2} = \frac{28600\,\text{mm}}{2} = 14300\,\text{mm} = \mathbf{14{,}30\,m}$

Wichtige Maßstäbe in der Bautechnik sind

M 1 : 1000; M 1 : 500	für Lagepläne
M 1 : 200	für Vorentwurfszeichnungen
M 1 : 100	für Baueingabepläne
M 1 : 50	für Werkpläne
M 1 : 20; M 1 : 10; M 1 : 5; M 1 : 1	für Einzelheiten

2.5 Längenteilung

Anzahl der Teilpunkte = Anzahl der Abstände + 1

Anzahl der Abstände = Anzahl der Teilpunkte — 1

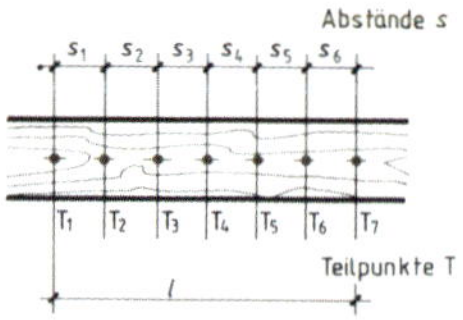

$$\textbf{Abstand zwischen 2 Teilpunkten} = \frac{\textbf{Gesamtlänge}\ \boldsymbol{l}}{\textbf{Anzahl der Abstände}}$$

oder

$$\textbf{Abstand zwischen 2 Teilpunkten} = \frac{\textbf{Gesamtlänge}\ \boldsymbol{l}}{\textbf{Anzahl der Teilpunkte} - 1}$$

2.6 Mauermaße

Baurichtmaß = Anzahl der am · 12,5 cm

Beispiele:
Anzahl der am 3
Baurichtmaß 3 am · 12,5 cm = **37,5 cm**
Anzahl der am $1\frac{1}{2}$
Baurichtmaß $1\frac{1}{2}$ am · 12,5 cm = **18,75 cm**
Baurichtmaß 87,5 cm
Anzahl der am 87,5 cm : 12,5 cm = **7**
Baurichtmaß 6,25 cm
Anzahl der am 6,25 cm : 12,5 cm = $\mathbf{\frac{1}{2}}$

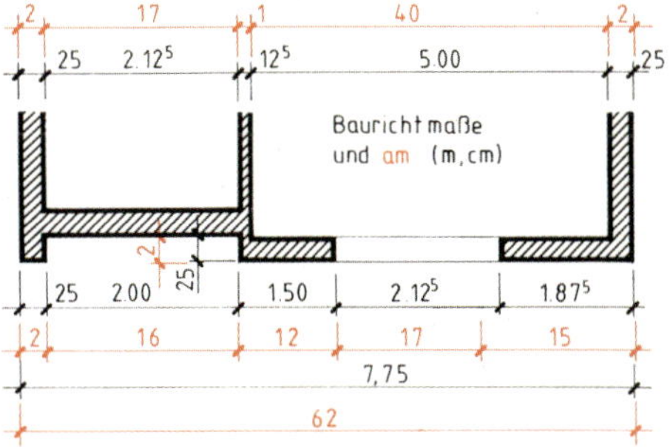

Rohbaumaß bei Öffnungen = Anzahl der Köpfe · 12,5 cm + 1 Stoßfuge

Beispiel: Maueröffnung mit 3 Köpfen
Lösung: Rohbaumaß = 3 Köpfe · 12,5 cm + 1 cm
Rohbaumaß = 38,5 cm

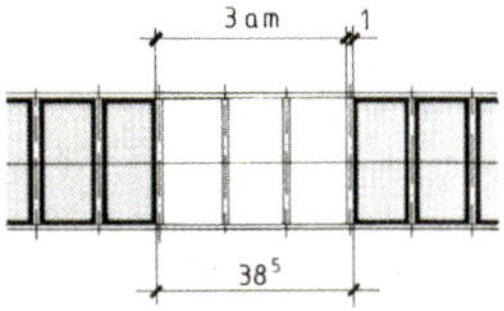

Rohbaumaß bei Vorlagen = Anzahl der am · 12,5 cm

Beispiel: Mauervorlage mit 3 am
Lösung: Rohbaumaß = 3 am · 12,5 cm
Rohbaumaß = 37,5 cm

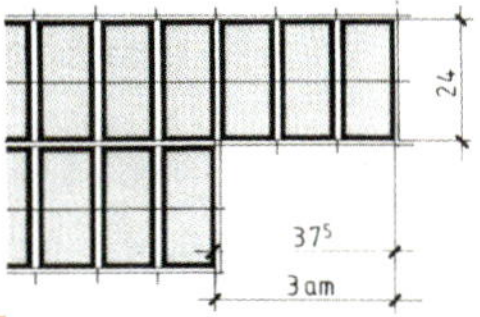

Rohbaumaß bei Pfeilern = Anzahl der am · 12,5 cm — 1 Stoßfuge

Beispiel: Mauerpfeiler mit 3 am
Lösung: Rohbaumaß = 3 am · 12,5 cm — 1 cm
Rohbaumaß = 36,5 cm

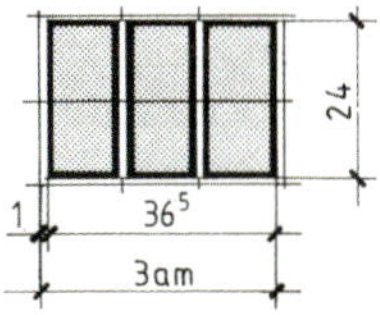

Die **Rohbaumaße** sind die am Bau vorhandenen Maße. Sie werden zur Bemaßung von Werkplänen und Detailplänen verwendet.

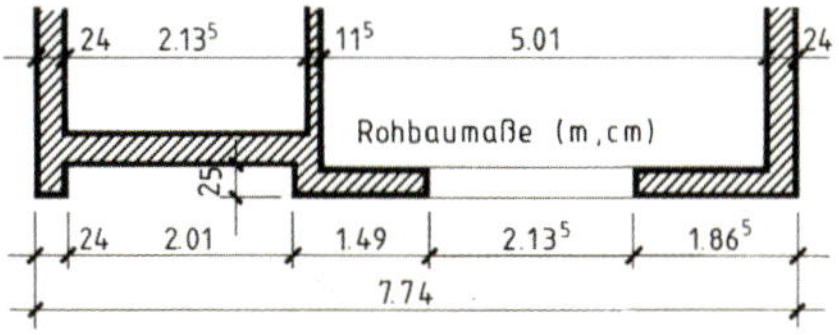

Mauerhöhe = Anz. d. Schichten · Schichthöhe

Beispiel: Es werden 10 Schichten im Format 2 DF gemauert. Wie hoch ist die Mauer?
Lösung:
Mauerhöhe = 10 Schichten · 12,5 cm = **125 cm**

Anzahl der Schichten = $\frac{\textbf{Mauerhöhe}}{\textbf{Schichthöhe}}$

Beispiel: Wieviele Schichten sind für eine 2,49 m hohe Wand mit NF Steinen zu mauern?
Lösung: Anzahl der Schichten = $\frac{249\,\text{cm}}{8{,}3\,\text{cm}}$
Anzahl der Schichten = 30

Steinformate und Steinmaße 50 cm	DF	NF	2 DF 3 DF 5 DF	10 DF 16 DF
Steine mit Fugen 25 cm				
0 cm				
Steinhöhen in cm	5²	7¹	11³	23⁸
Schichthöhe in cm	6²⁵	8³³	12⁵	25
Schichten je m	16	12	8	4

3 Neigungsverhältnisse

3.1 Winkel

Die Einheiten der Winkel sind das **Grad** (°) und das **Gon** (gon).

$1° = 60'$	$= 3600''$	$1\,\text{gon} = 10\,\text{dgon}$	$= 100\,\text{cgon} = 1000\,\text{mgon}$
$1° = \frac{400}{360}\,\text{gon}$	$= 1{,}111\,\text{gon}$	$1\,\text{gon} = \left(\frac{360}{400}\right)^{\circ}$	$= 0{,}9°$

3.2 Winkelfunktionen

Ankathete und Gegenkathete bezogen auf den Winkel α

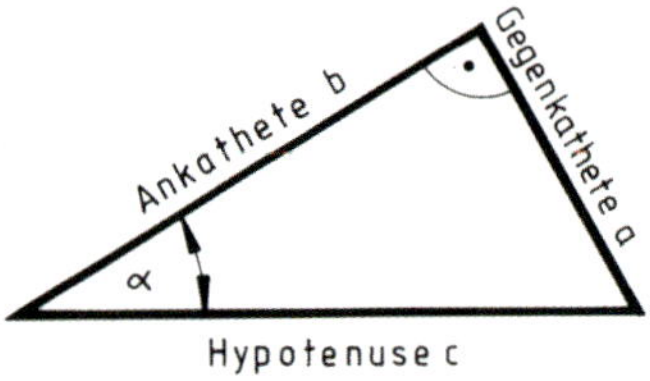

Ankathete und Gegenkathete bezogen auf den Winkel β

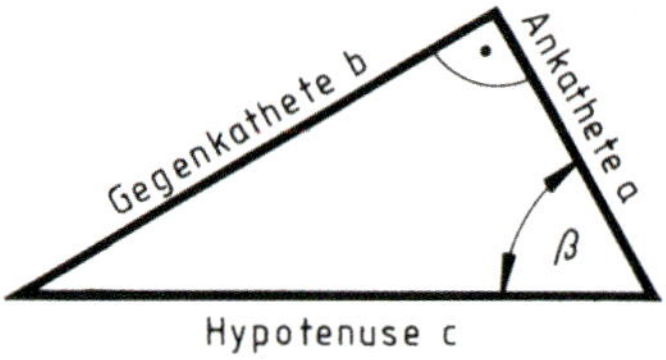

Seitenverhältnisse	bezogen auf den Winkel α	bezogen auf den Winkel β
Sinus $\alpha;\beta = \frac{\text{Gegenkathete}}{\text{Hypotenuse}}$	$\sin\alpha = \frac{a}{c}$ $a = c \cdot \sin\alpha$ $c = \frac{a}{\sin\alpha}$	$\sin\beta = \frac{b}{c}$ $b = c \cdot \sin\beta$ $c = \frac{b}{\sin\beta}$
Cosinus $\alpha;\beta = \frac{\text{Ankathete}}{\text{Hypotenuse}}$	$\cos\alpha = \frac{b}{c}$ $b = c \cdot \cos\alpha$ $c = \frac{b}{\cos\alpha}$	$\cos\beta = \frac{a}{c}$ $a = c \cdot \cos\beta$ $c = \frac{a}{\cos\alpha}$
Tangens $\alpha;\beta = \frac{\text{Gegenkathete}}{\text{Ankathete}}$	$\tan\alpha = \frac{a}{b}$ $a = b \cdot \tan\alpha$ $b = \frac{a}{\tan\alpha}$	$\tan\beta = \frac{b}{a}$ $b = a \cdot \tan\beta$ $a = \frac{b}{\tan\beta}$
Cotangens $\alpha;\beta = \frac{\text{Ankathete}}{\text{Gegenkathete}}$	$\cot\alpha = \frac{b}{a}$ $b = a \cdot \cot\alpha$ $a = \frac{b}{\cot\alpha}$	$\cot\beta = \frac{a}{b}$ $a = b \cdot \cot\beta$ $b = \frac{a}{\cot\beta}$

3.3 Steigung, Neigung, Gefälle

Bestimmung der Steigung als Steigungsverhältnis

$$\text{Steigungsverhältnis} = \frac{\text{Höhe}}{\text{Grundlänge}}$$

$$S_v = \frac{h}{l}$$

$$h = S_v \cdot l$$

$$l = \frac{h}{S_v}$$

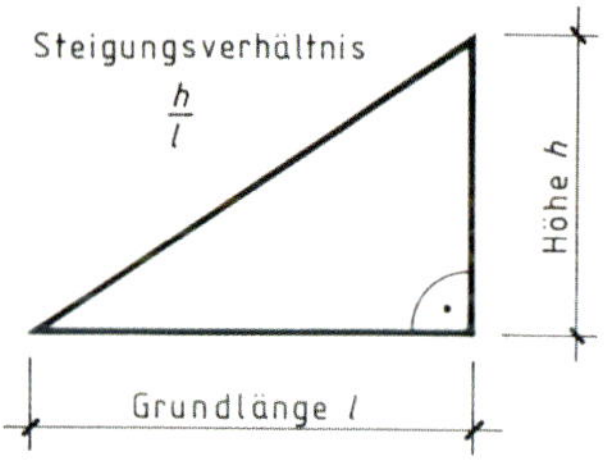

Bestimmung der Steigung als Prozentsatz

$$\text{Steigung (\%)} = \frac{\text{Höhe} \cdot 100\,\%}{\text{Länge}}$$

$$p\,(\%) = \frac{h \cdot 100\,\%}{l}$$

$$h = \frac{p\,(\%) \cdot l}{100\,\%}$$

$$l = \frac{h \cdot 100\,\%}{p\,(\%)}$$

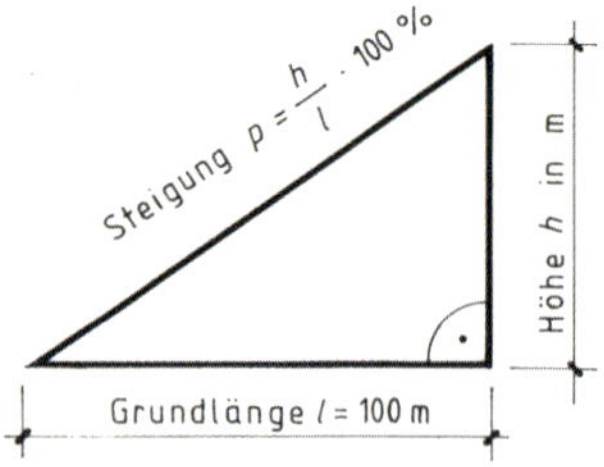

4. Pythagoras

4.1 Der Lehrsatz des Pythagoras

Im rechtwinkligen Dreieck ist das Quadrat über der Hypotenuse gleich der Summe der Quadrate über den Katheten.

$$c^2 = a^2 + b^2$$

$$a^2 = c^2 - b^2 \qquad b^2 = c^2 - a^2$$

Für die Berechnung der Seitenlängen gilt:

$$c = \sqrt{a^2 + b^2} \qquad a = \sqrt{c^2 - b^2} \qquad b = \sqrt{c^2 - a^2}$$

4.2 Verreihung

Ein Dreieck mit dem Seitenverhältnis $a : b : c = 3 : 4 : 5$ ist ein **rechtwinkliges** Dreieck.

5 Flächen

5.1 Einheiten: Quadratmeter (m^2); Quadratdezimeter (dm^2), Quadratzentimeter (cm^2), Quadratmillimeter (mm^2), Ar (a), Hektar (ha) und Quadratkilometer (km^2)

	· 100	· 100	· 100	· 100	· 100	· 100	Multiplikator von Einheit zu Einheit
	km^2	ha	a	m^2	dm^2	cm^2	mm^2
km^2	1	100	10000	1000000	100000000	10000000000	1000000000000
ha	0,01	1	100	10000	1000000	100000000	10000000000
a	0,0001	0,01	1	100	10000	1000000	100000000
m^2	0,000001	0,0001	0,01	1	100	10000	1000000
dm^2	0,00000001	0,000001	0,0001	0,01	1	100	10000
cm^2	0,0000000001	0,00000001	0,000001	0,0001	0,01	1	100
mm^2	0,000000000001	0,0000000001	0,00000001	0,000001	0,0001	0,01	1
Teiler von Einheit zu Einheit		: 100	: 100	: 100	: 100	: 100	: 100

5.2 Geradlinig begrenzte Flächen

Quadrat

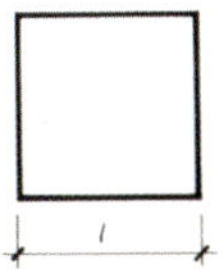

Rechteck

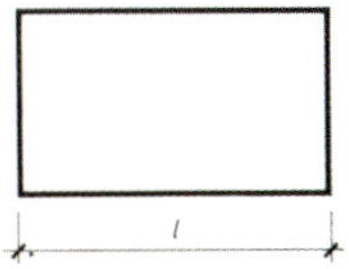

Raute

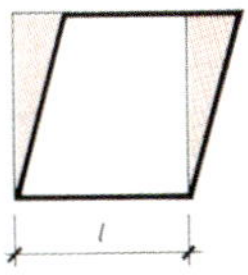

Parallelogramm

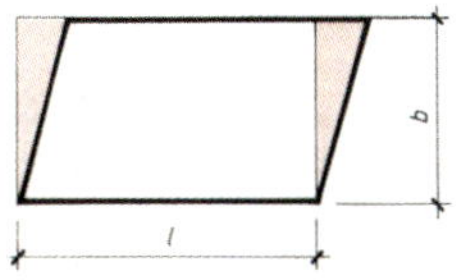

Flächeninhalt = Länge · Breite

$$A = l \cdot b$$

$$\text{Länge} = \frac{\text{Flächeninhalt}}{\text{Breite}} \qquad l = \frac{A}{b}$$

$$\text{Breite} = \frac{\text{Flächeninhalt}}{\text{Länge}} \qquad b = \frac{A}{l}$$

unregelmäßiges Trapez

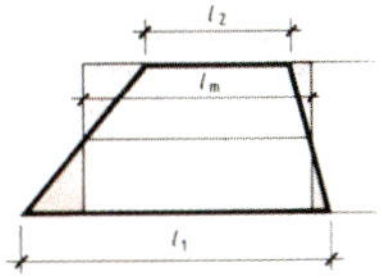

rechtwinkliges Trapez

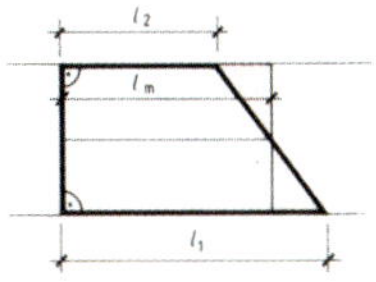

gleichschenkliges Trapez

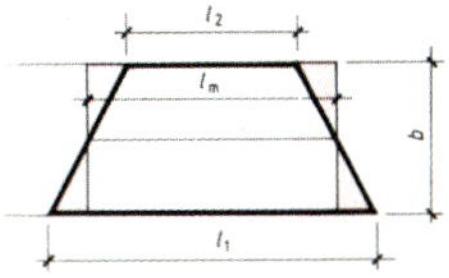

Flächeninhalt = Mittlere Länge · Breite

$$A = l_m \cdot b$$

$$\text{Mittlere Länge} = \frac{\text{Länge 1} + \text{Länge 2}}{2} \qquad l_m = \frac{l_1 + l_2}{2}$$

Dreieck

gleichseitig | gleichschenklig | rechtwinklig | unregelmäßig

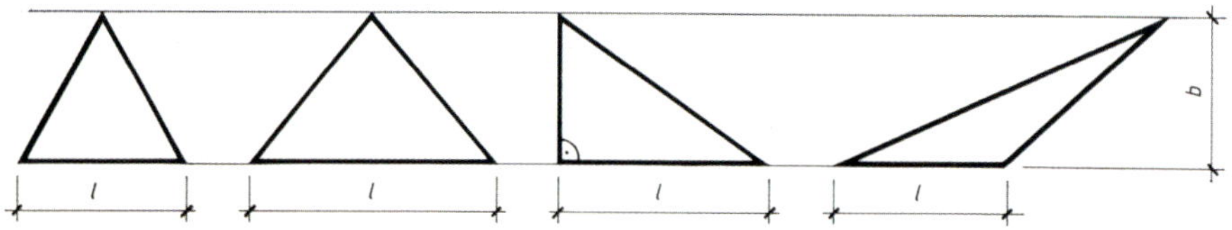

Flächeninhalt $= \dfrac{\text{Länge} \cdot \text{Breite}}{2}$

$A = \dfrac{l \cdot b}{2}$

Länge $= \dfrac{2 \cdot \text{Flächeninhalt}}{\text{Breite}}$

$l = \dfrac{2 \cdot A}{b}$

Breite $= \dfrac{2 \cdot \text{Flächeninhalt}}{\text{Länge}}$

$b = \dfrac{2 \cdot A}{l}$

Regelmäßige Vielecke

Sechseck

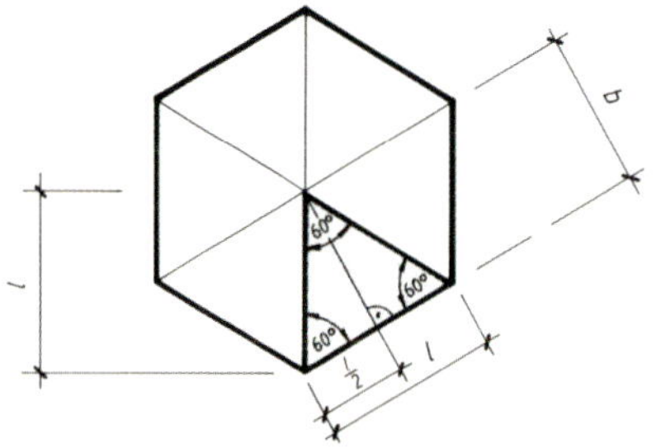

Achteck

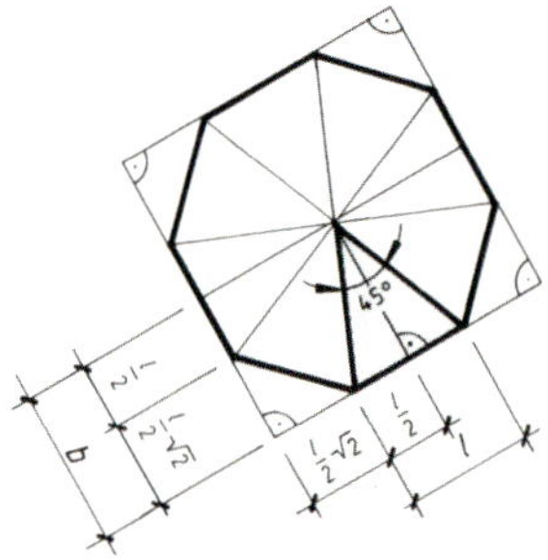

Flächeninhalt$_{\text{Vieleck}}$ **= Eckenzahl · Flächeninhalt**$_{\text{Teildreieck}}$

$A_{\text{Vieleck}} = n \cdot \dfrac{l \cdot b}{2}$

$l = \dfrac{2 \cdot A}{n \cdot b}$

$b = \dfrac{2 \cdot A}{n \cdot l}$

5.3 Krummlinig begrenzte Flächen

Kreis

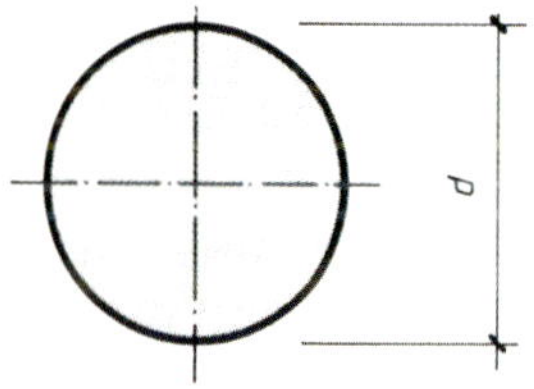

Ellipse

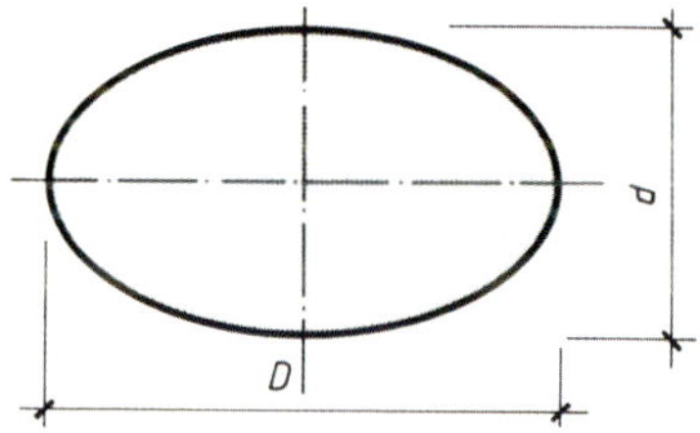

Kreisumfang $U = \pi \cdot d$

Kreisfläche

$A = \dfrac{\pi}{4} \cdot d^2$

$A \approx 0{,}785 \cdot d^2$

Kreisdurchmesser

$d = \sqrt{\dfrac{4 \cdot A}{\pi}}$

Fläche der Ellipse

$A = \dfrac{\pi}{4} \cdot D \cdot d$

$A \approx 0{,}785\, D \cdot d$

Ellipsendurchmesser

$D = \dfrac{4 \cdot A}{\pi \cdot d}$

$d = \dfrac{4 \cdot A}{\pi \cdot D}$

Kreisring

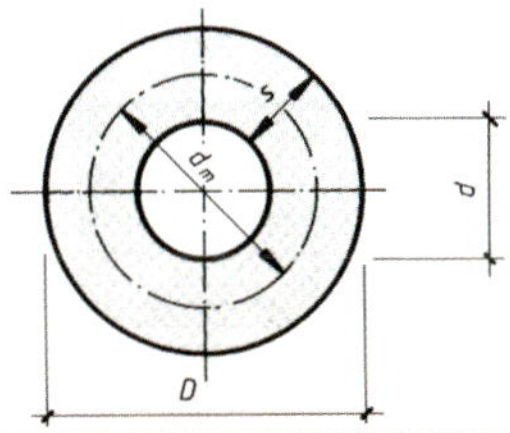

$$A_{Kreisring} = A_{Außenkreis} - A_{Innenkreis}$$

$$A_{Kreisring} = \frac{\pi}{4} \cdot D^2 - \frac{\pi}{4} \cdot d^2$$

$$A_{Kreisring} = \frac{\pi}{4} \cdot (D^2 - d^2)$$

$$A_{Kreisring} = \pi \cdot \text{Dicke (äußerer Durchmesser — Dicke)}$$

$$A_{Kreisring} = \pi \cdot s \cdot (D - s)$$

Kreisausschnitt

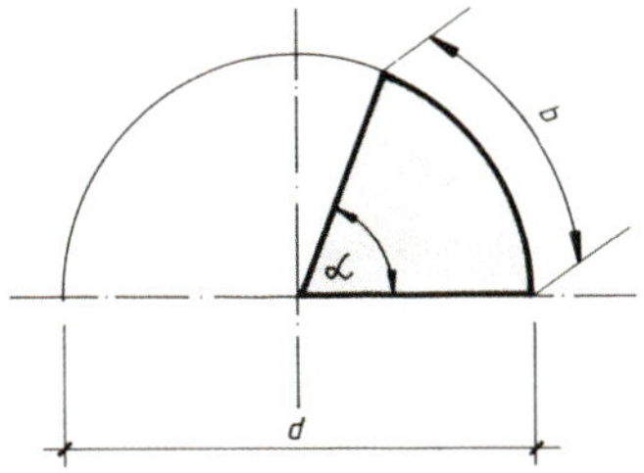

$$A_{Kreisausschnitt} = \frac{\pi}{4} \cdot d^2 \cdot \frac{\alpha}{360^\circ}$$

$$A_{Kreisausschnitt} \approx 0{,}785 \cdot d^2 \cdot \frac{\alpha}{360^\circ}$$

$$A_{Kreisausschnitt} = \frac{b \cdot d}{4}$$

$$\text{Bogenlänge } b = \pi \cdot d \cdot \frac{\alpha}{360^\circ}$$

Kreisabschnitt

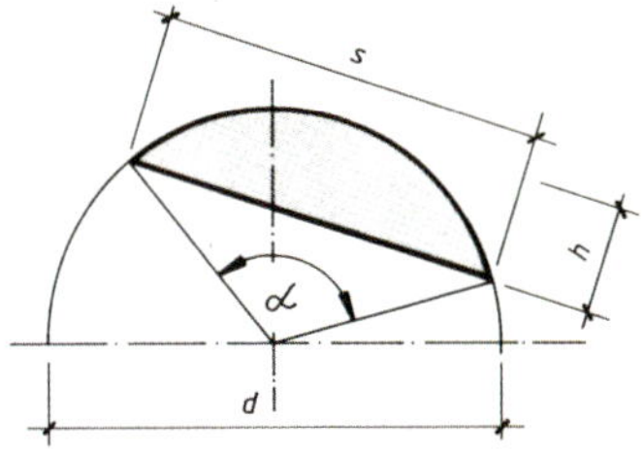

$$A_{Kreisabschnitt} = A_{Kreisausschnitt} - A_{Dreieck}$$

$$A_{Kreisabschnitt} = \frac{\pi}{4} \cdot d^2 \cdot \frac{\alpha}{360^\circ} - \frac{s\,(r - h)}{2}$$

Näherungsformel

$$A_{Kreisabschnitt} \approx \frac{2}{3} \cdot \text{Sehne} \cdot \text{Höhe}$$

$$A_{Kreisabschnitt} \approx \frac{2}{3} \cdot s \cdot h$$

6 Körper

6.1 Einheiten: Kubikmeter (m^3), Kubikdezimeter (dm^3), Kubikzentimeter (cm^3), Kubikmillimeter (mm^3)

	· 1000 →	· 1000 →	· 1000 →	Multiplikator von Einheit zu Einheit
	m^3	dm^3	cm^3	mm^3
m^3	1	1000	1000000	1000000000
dm^3	0,001	1	1000	1000000
cm^3	0,000001	0,001	1	1000
mm^3	0,000000001	0,000001	0,001	1
Teiler von Einheit zu Einheit		← : 1000	← : 1000	← : 1000

6.2 Gleichdicke Körper

Würfel

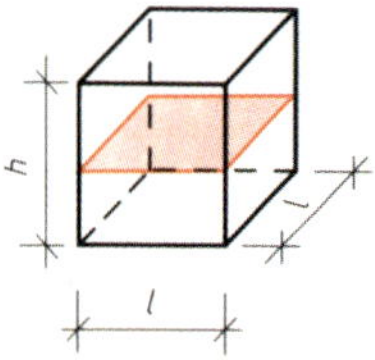

Quader

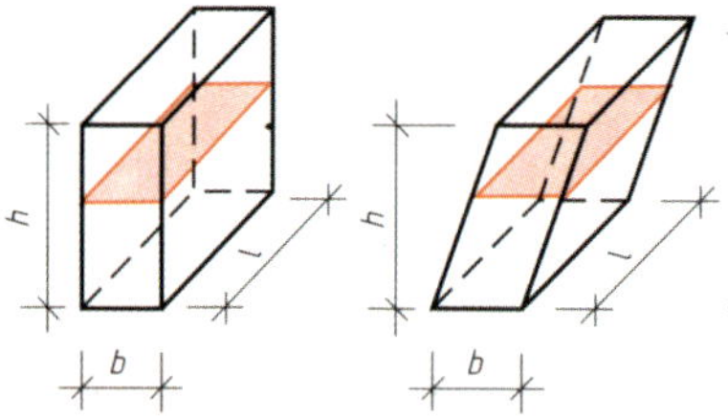

Zylinder

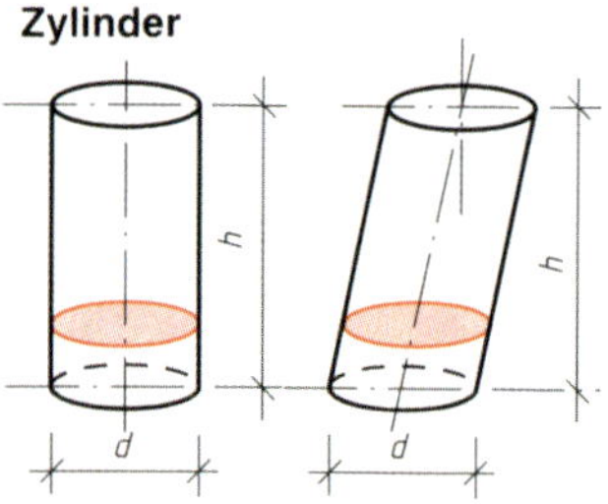

Volumen = Grundfläche · Körperhöhe

$$V = A \cdot h$$

Körperhöhe = $\frac{\text{Volumen}}{\text{Grundfläche}}$ **Grundfläche = $\frac{\text{Volumen}}{\text{Körperhöhe}}$**

$$h = \frac{V}{A} \qquad A = \frac{V}{h}$$

Oberfläche = Mantelfläche + Grundfläche + Deckfläche

$$O = M + A_{Grundfläche} + A_{Deckfläche}$$

Mantelfläche = Körperumfang · Körperhöhe

$$M = U \cdot h$$

6.3 Spitze Körper

Pyramide

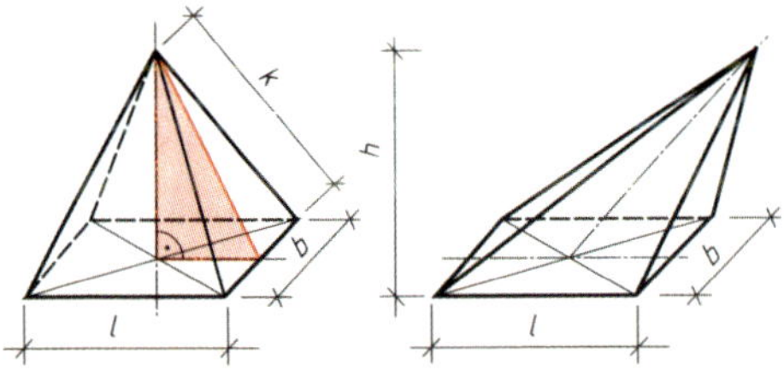

Kegel

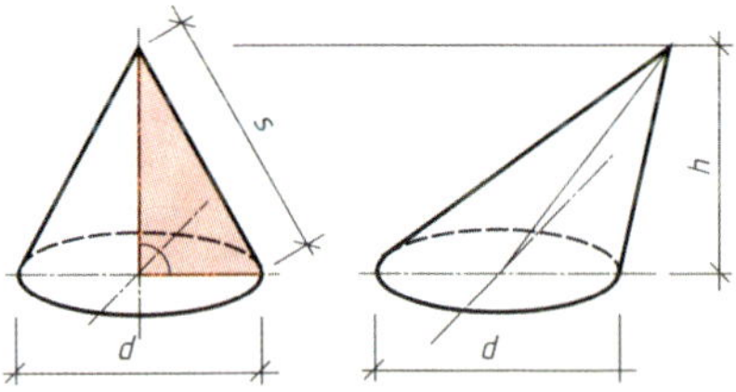

Volumen = $\frac{1}{3}$ · Grundfläche · Körperhöhe

$$V = \frac{1}{3} \cdot A \cdot h$$

Körperhöhe = $\frac{3 \cdot \text{Volumen}}{\text{Grundfläche}}$ **Grundfläche = $\frac{3 \cdot \text{Volumen}}{\text{Körperhöhe}}$**

$$h = \frac{3 \cdot V}{A} \qquad A = \frac{3 \cdot V}{h}$$

Abwicklung einer Pyramide

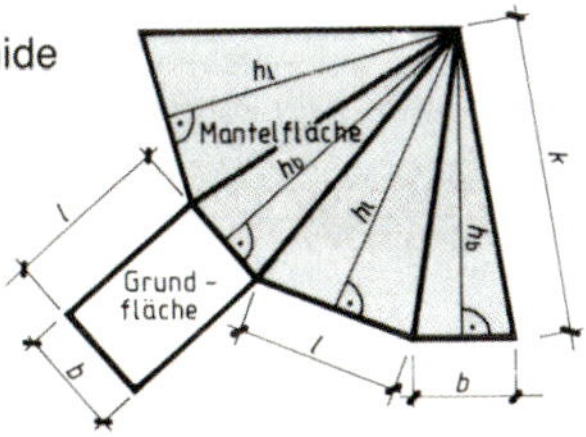

Abwicklung eines Kegels

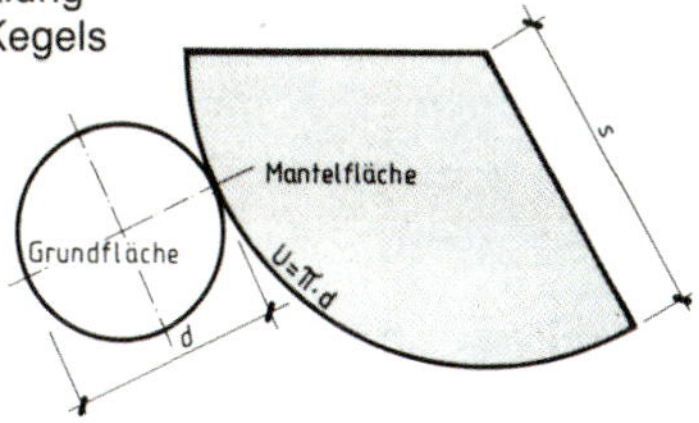

Oberfläche = Mantelfläche + Grundfläche

$$O = M + A$$

Mantelfläche = Fläche$_{\text{Kreisausschnitt}}$

$$M = \frac{\pi \cdot d \cdot s}{2}$$

6.4 Stumpfe Körper

Pyramidenstumpf

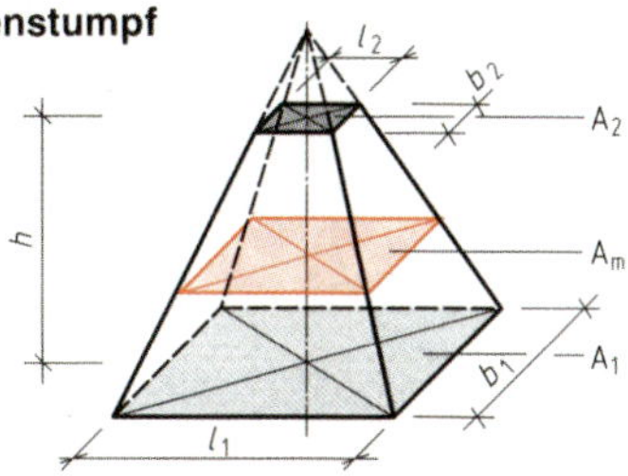

Kegelstumpf

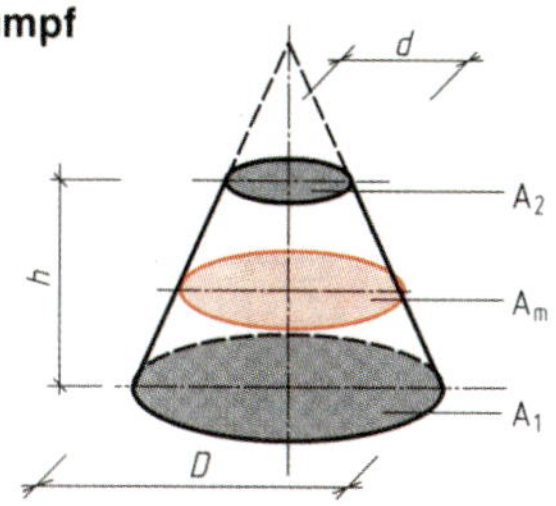

$$V_{\text{Pyramidenstumpf}} = V_{\text{ganze Pyramide}} - V_{\text{abgeschnittene Pyramidenspitze}}$$

$$V_{\text{stumpfer Körper}} = \frac{\text{Körperhöhe}}{3} \cdot (\text{Grundfläche} + \text{Deckfläche} + \sqrt{\text{Grundfläche} \cdot \text{Deckfläche}})$$

$$V = \frac{h}{3} \cdot (A_1 + A_2 + \sqrt{A_1 \cdot A_2})$$

Pyramidenstumpf mit rechteckiger Grund- und Deckfläche

$$V = \frac{h}{3} \cdot (l_1 \cdot b_1 + l_2 \cdot b_2 + \sqrt{l_1 \cdot b_1 \cdot l_2 \cdot b_2})$$

Kegelstumpf

$$V = \frac{\pi \cdot h}{12} \cdot (D^2 + d^2 + D \cdot d)$$

$$V \approx 0{,}262h \cdot (D^2 + d^2 + D \cdot d)$$

Simpsonsche Formel

$$V_{\text{Stumpfer Körper}} = \frac{\text{Körperhöhe}}{6} \cdot (\text{Grundfläche} + \text{Deckfläche} + 4 \cdot \text{mittlere Fläche})$$

$$V = \frac{h}{6} \cdot (A_1 + A_2 + 4 \cdot A_m)$$

mittlere Fläche ≈ mittlere Länge · mittlere Breite

$$A_m \approx \frac{l_1 + l_2}{2} \cdot \frac{b_1 + b_2}{2}$$

Näherungsweise Berechnung des Volumens

$$V_{\text{stumpfer Körper}} \approx \text{mittlere Fläche} \cdot \text{Körperhöhe}$$

$$V \approx A_m \cdot h$$

mittlere Fläche ≈ mittlere Länge · mittlere Breite

$$A_m \approx l_m \cdot b_m$$

$$l_m = \frac{l_1 + l_2}{2} \qquad b_m = \frac{b_1 + b_2}{2}$$

$$V_{\text{Pyramidenstumpf}} \approx \frac{l_1 + l_2}{2} \cdot \frac{b_1 + b_2}{2} \cdot h$$

mittlere Fläche ≈ 0,785 · (mittlerer Durchmesser)²

$$A_m \approx 0{,}785 \cdot d_m^2$$

$$d_m = \frac{D + d}{2}$$

$$V_{\text{Kegelstumpf}} \approx 0{,}785 \cdot \left(\frac{D + d}{2}\right)^2 \cdot h$$

Abwicklung eines Pyramidenstumpfs

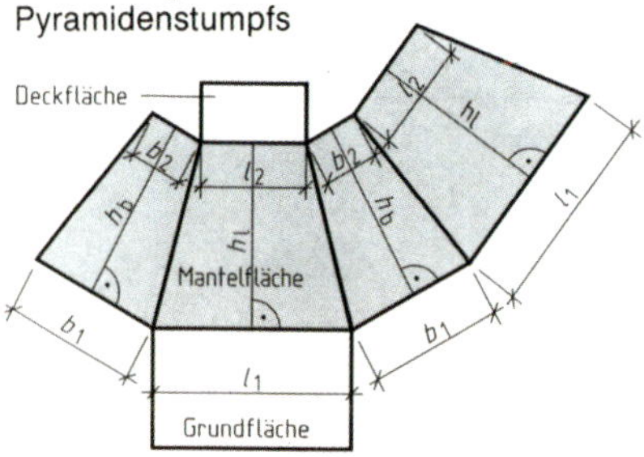

Abwicklung eines Kegelstumpfs

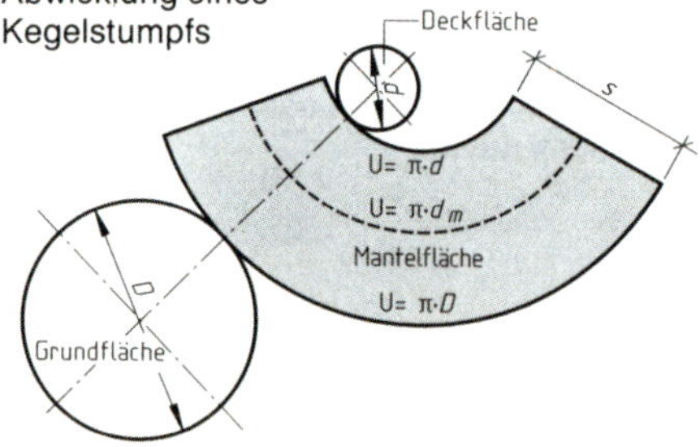

$$O_{\text{stumpfe Körper}} = \text{Mantelfläche} + \text{Grundfläche} + \text{Deckfläche}$$

$$O = M + A_1 + A_2$$

Mantelfläche = Summe der Trapezflächen

$$\text{Mantelfläche} = \pi \cdot \text{Länge}_{\text{mittlerer Bogen}} \cdot \text{Seitenlinie}$$

$$M = \pi \cdot d_m \cdot s \quad \text{oder}$$

$$M = \frac{\pi \cdot s}{2} \cdot (D + d)$$

6.5 Kugel

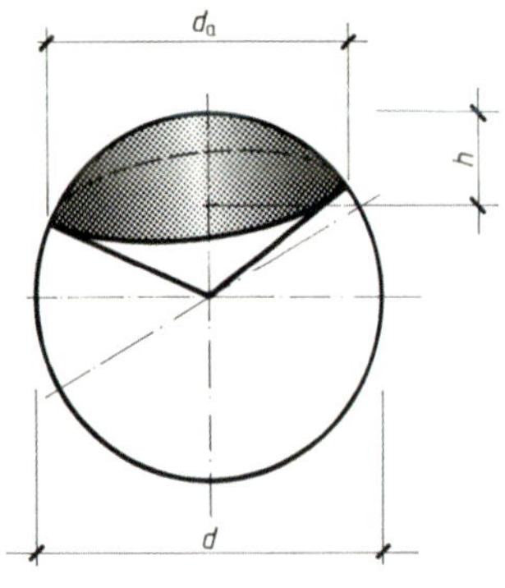

$$V_{\text{Kugel}} = \frac{\pi}{6} \cdot d^3 \qquad V \approx 0{,}524 \cdot d^3$$

$$O_{\text{Kugel}} = \pi \cdot d^2 \qquad O \approx 3{,}14 \cdot d^2$$

$$V_{\text{Kugelausschnitt}} = \frac{\pi}{6} \cdot d^2 \cdot h \qquad V \approx 0{,}534 \cdot d^2 \cdot h$$

$$O_{\text{Kugelausschnitt}} = \frac{\pi}{4} \cdot d \cdot (4h + d_a) \qquad O \approx 0{,}785 \cdot d \cdot (4h + d_a)$$

$$V_{\text{Kugelabschnitt}} = \pi \cdot h^2 \cdot \left(\frac{d}{2} - \frac{h}{3}\right) \qquad V \approx 3{,}14 \cdot h^2 \cdot \left(\frac{d}{2} - \frac{h}{3}\right)$$

$$M_{\text{Kugelabschnitt}} = \pi \cdot d \cdot h \qquad M \approx 3{,}14 \cdot d \cdot h$$

7 Mengenermittlung und Baustoffbedarf

7.1 Erdarbeiten

Tabelle A 17/1: Auflockerung bei Böden, Anhaltswerte

Bodenklassen nach DIN 18300	Beschreibung	Auflockerung in %	Auflockerung Faktor
1 Oberboden	Oberste Schicht des Bodens	15	1,15
2 Fließende Bodenarten	Flüssiger bis breiiger Boden, wasserhaltend	–	–
3 Leicht lösbare Bodenarten	Nichtbindige bis schwachbindige Böden	15	1,15
4 Mittelschwer lösbare Bodenarten	Gemische von Sand, Kies, Schluff und Ton	20–25	1,20–1,25
5 Schwer lösbare Bodenarten	Bodenarten der Klassen 3 und 4 mit mehr als 30% Steinen von über 63 mm Korngröße	30–35	1,30–1,35
6 Leicht lösb. Fels u. vergleichb. Bodenarten	Felsarten, die stark klüftig, brüchig oder verwittert sind		
7 Schwer lösbarer Fels	Felsarten mit hoher Gefügefestigkeit	40–50	1,40–1,50

7.2 Mauerwerksbau

$$\text{Ausbeute in \%} = \frac{\text{Mörtelmenge in l} \cdot 100\%}{\text{lose Masse in l}}$$

$$\text{Ausbeute als } VZ = \frac{\text{lose Masse in l}}{\text{Mörtelmenge in l}}$$

Tabelle A 17/2: Baustoffbedarf für die Herstellung von 1 m³ (1000 Liter) Baustellenmörtel (Normalmörtel) nach Raumteilen (Anhaltswerte)

Mörtelgruppe MG	Mörtel	Bindemittel – Baukalk (DIN 1060) – Zement (DIN 1164) – Putz- und Mauerbinder (DIN 4211)	Mischungsverhältnis nach Raumteilen Kalk	Zement	Sand	Bindemittelgehalt Kalk l	Kalk kg	Zement l	Zement kg	Natursand feucht l	kg
I	Kalkmörtel	Kalkteig	1	–	4	305	380	–	–	1220	1585
		Kalkhydrat	1	–	3	400	200	–	–	1200	1560
		Hydraulischer Kalk HL 2	1	–	3	390	390	–	–	1170	1520
		Hydraulischer Kalk HL 5, Putz- u. Mauerbinder MC 5	1	–	4,5	270	270	–	–	1210	1575
II	Kalk-Zement-Mörtel	Kalkteig	1,5	1	8	220	275	150	180	1180	1535
		Kalkhydrat	2	1	8	280	140	140	168	1120	1455
		Hydraulischer Kalk HL 2	2	1	8	280	225	140	168	1120	1455
		Hydraulischer Kalk HL 5, Putz- u. Mauerbinder MC 5	1	–	3	390	390	–	–	1170	1520
IIa		Kalkhydrat	1	1	6	195	98	195	234	1170	1520
		Hydraulischer Kalk HL 5, Putz- u. Mauerbinder MC 5	2	1	8	280	280	140	168	1120	1455
III	Zementmörtel	Zement	–	1	4	–	–	300	360	1200	1560
IIIa		Zement	–	1	4	–	–	300	360	1200	1560

Den Tabellenwerten liegen mittlere Schütt- bzw. Rohdichten in kg/dm³ zugrunde, z. B. für Kalkteig und Hydraulischen Kalk 1,25 kg/dm³, Kalkhydrat 0,5 kg/dm³, Hydraulischer Kalk, z. B. HL 5, sowie Putz- und Mauerbinder 1,0 kg/dm³, Zement 1,2 kg/dm³ und lagerfeuchter Sand (3 % Feuchte) 1,3 kg/dm³.

An den Zuschlag der Mörtelgruppe IIIa werden erhöhte Anforderungen gestellt.

$$\text{Umrechnung von kg in l:} \quad \frac{\text{Gewicht in kg}}{\text{Dichte in kg/l}}$$

Umrechnung von l in kg:
Volumen in l · Dichte in kg/l

Tabelle A 18/1: Baustoffbedarf für Mauerwerk aus künstlichen Steinen (Anhaltswerte)										
Wand-dicke in cm	Format Kurz-zeichen	Steinmaße $l \times b \times h$ in cm			Anzahl der Schichten je m Höhe	Baustoffbedarf			
						je m² Wand		je m³ Wand	
						Steine Stück	Mörtel Liter	Steine Stück	Mörtel Liter
11,5	DF	24	11,5	5,2	16	66	29	—	—
	NF	24	11,5	7,1	12	50	27	—	—
	2 DF	24	11,5	11,3	8	33	19	—	—
	4 DF	24	11,5	23,8	4	16	16	—	—
	8 DF	49	11,5	23,8	4	8	10	—	—
17,5	3 DF	24	17,5	11,3	8	33	29	190	160
	6 DF	24	17,5	23,8	4	16	21	94	120
	7,5 DF	30	17,5	23,8	4	13	18	74	96
	12 DF	49	17,5	23,8	4	8	16	47	91
24	DF	24	11,5	5,2	16	132	70	550	292
	NF	24	11,5	7,1	12	99	65	416	274
	2 DF	24	11,5	11,3	8	66	50	276	210
	4 DF	24	24	11,3	8	33	40	137	167
	6 DF	36,5	24	11,3	8	23	38	88	148
	8 DF	24	24	23,8	4	16	26	68	109
	12 DF	36,5	24	23,8	4	11	23	47	96
	16 DF	49	24	23,8	4	8	21	34	88
30	2 DF + 3 DF	24	11,5 / 17,5	11,3	8	33 + 33	60	110 + 110	200
	5 DF	24	30	11,3	8	32	50	110	167
	10 DF	24	30	23,8	4	16	38	55	127
	15 DF	36,5	30	23,8	4	11	31	38	103
	20 DF	49	30	23,8	4	8	28	27	93
36,5	DF	24	11,5	5,2	16	198	114	541	311
	NF	24	11,5	7,1	12	148	100	405	280
	2 DF	24	11,5	11,3	8	98	80	270	220
	2 DF + 3 DF	24	11,5 / 17,5	11,3	8	33 + 45	75	90 + 126	208
	12 DF	24	36,5	23,8	4	16	46	45	126
	15 DF	30	36,5	23,8	4	13	39	37	107
	18 DF	36,5	36,5	23,8	4	11	33	31	92
	24 DF	49	36,5	23,8	4	8	21	23	58
49	DF	24	11,5	5,2	16	264	148	539	302
	NF	24	11,5	7,1	12	198	139	404	284
	2 DF	24	11,5	11,3	8	132	112	269	228
	16 DF	49	24	23,8	4	16	57	33	116
	20 DF	30	49	23,8	4	13	46	26	92

$$\text{Körnungsziffer K} = \frac{\text{Summe aller Rückstände}}{100}$$

$$\text{D-Summe} = \text{Summe aller Durchgänge}$$

ohne Berücksichtigung des 0,125 mm-Siebes und des Auffangkastens

$$\text{Zugabewasser} = \text{Wasseranspruch} - \text{Oberflächenfeuchte des Zuschlags}$$

$$\text{Wasserzementwert} = \frac{\text{Gewicht des Wassers}}{\text{Gewicht des Zementes}} \qquad w/z\text{-Wert} = \frac{w}{z}$$

$$\text{Gewicht des Wassers} = \text{Gewicht des Zementes} \cdot \text{Wasserzementwert} \qquad w = z \cdot w/z\text{-Wert}$$

$$\text{Gewicht des Zementes} = \frac{\text{Gewicht des Wassers}}{\text{Wasserzementwert}} \qquad z = \frac{w}{w/z\text{-Wert}}$$

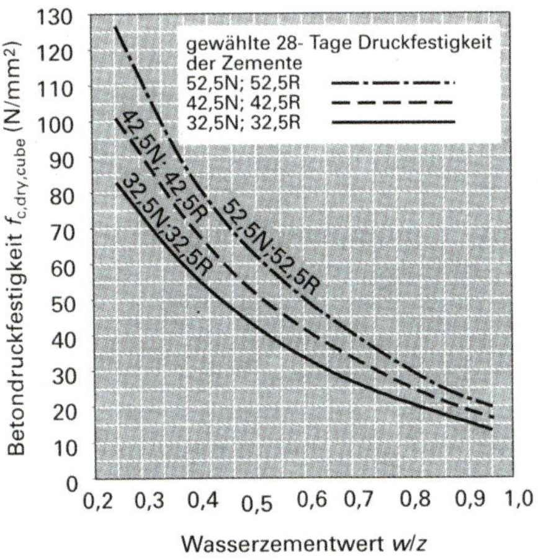

Bild 19/1: Zusammenhang zwischen Betondruckfestigkeit und Wasserzementwert (nach Walz)

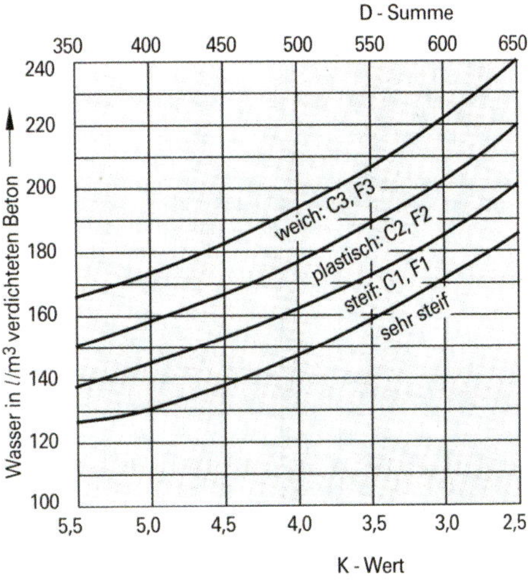

Bild 19/2: Wasseranspruch (bezogen auf oberflächentrockenen Zuschlag)

Tabelle A19/1: Mindestzementgehalt für Standardbeton mit einem Größtkorn von 32 mm und Zement der Festigkeitsklasse 32,5 nach DIN EN 197-1

Druckfestigkeitsklasse	Mindestzementgehalt in kg/m³ für Konsistenzbezeichnungen steif	plastisch	weich
C8/10	210	230	260
C12/15	270	300	330
C16/20	290	320	360

Der Zementgehalt muss vergößert werden um
- 10% bei einem Größtkorn der Gesteinskörnung von 16 mm,
- 20% bei einem Größtkorn der Gesteinskörnung von 8 mm.

Der Zementgehalt darf verringert werden um
- höchstens 10% bei Zement der Festigkeitsklasse 42,5 und
- höchstens 10% bei einem Größtkorn der Gesteinskörnung von 63 mm.

Tabelle A 20/1: Grenzwerte für Zusammensetzung und Eigenschaften von Beton

	Kein Angriffsrisiko durch Korrosion	Bewehrungskorrosion									
		durch Karbonatisierung verursachte Korrosion				durch Chloride verursachte Korrosion					
						Chloride außer aus Meerwasser			Chloride aus Meerwasser		
Expositionsklassen	X0[a]	XC1	XC2	XC3	XC4	XD1	XD2	XD3	XS1	XS2	XS3
Höchstzulässiger *w/z*	–	0,75		0,65	0,60	0,55	0,50	0,45	Siehe XD1	Siehe XD2	Siehe XD3
Mindestdruckfestigkeitsklasse [c]	C8/10	C16/20		C20/25	C25/30	C30/37[e]	C35/45[e]	C35/45[e]			
Mindestzementgehalt [d] in kg/m³	–	240		260	280	300	320[b]	320[b]			
Mindestzementgehalt [d] bei Anrechnung von Zusatzstoffen in kg/m³	–	240		240	270	270	270	270			
Mindestluftgehalt in %	–	–		–	–	–	–	–			
Andere Anforderungen	–	–									

[a] Nur für Beton ohne Bewehrung oder eingebettetes Metall.

[b] Für massige Bauteile (kleinste Bauteilabmessung 80 cm) gilt der Mindestzementgehalt von 300 kg/m³.

[c] Gilt nicht für Leichtbeton.

[d] Bei einem Größtkorn der Gesteinskörnung von 63 mm darf der Zementgehalt um 30 kg/m³ reduziert werden. In diesem Fall darf [b] nicht angewendet werden.

[e] Bei Verwendung von Luftporenbeton, z. B. aufgrund gleichzeitiger Anforderungen aus der Expositionsklasse XF, eine Festigkeitsklasse niedriger.

Tabelle A 20/2: Grenzwerte für Zusammensetzung und Eigenschaften von Beton

	Betonangriff												
	Frostangriff						Aggressive chemische Umgebung			Verschleißangriff [h]			
Expositionsklassen	XF1	XF2		XF3		XF4	XA1	XA2	XA3	XM1	XM2		XM3
Höchstzulässiger *w/z*	0,60	0,55 [g]	0,55 [g]	0,55	0,50	0,50 [g]	0,60	0,50	0,45	0,55	0,55	0,45	0,45
Mindestdruckfestigkeitsklasse [c]	C25/30	C25/30	C35/45	C25/30	C35/45	C30/37	C25/30	C35/45[e]	C35/45[e]	C30/37[e]	C30/37[e]	C35/45[e]	C35/45[e]
Mindestzementgehalt [d] in kg/m³	280	300	320	300	320	320	280	320	320	300	300	320	320
Mindestzementgehalt [d] bei Anrechnung von Zusatzstoffen in kg/m³	270	[g]	[g]	270	270	[g]	270	270	270	270	270	270	270
Mindestluftgehalt in %	–	[f]	–	[f]	–	[f] [j]	–	–	–	–	–	–	–
Andere Anforderungen	Gesteinskörnungen mit Regelanforderungen und zusätzlich Widerstand gegen Frost bzw. Frost und Taumittel (siehe DIN 4226-1) F_4	MS_{25}		F_2		MS_{18}	–	–	–	–	Oberflächenbehandlung des Betons [k]	–	Hartstoffe nach DIN 1100

[c] Siehe Fußnoten in Tabelle A 20/1.

[d] Siehe Fußnoten in Tabelle A 20/1.

[e] Siehe Fußnoten in Tabelle A 20/1.

[f] Der mittlere Luftgehalt im Frischbeton unmittelbar vor dem Einbau muss bei einem Größtkorn der Gesteinskörnung von 8 mm ≥ 5,5% Volumenanteil, 16 mm ≥ 4,5% Volumenanteil, 32 mm ≥ 4,0% Volumenanteil und 63 mm ≥ 3,5% Volumenanteil betragen. Einzelwerte dürfen diese Anforderungen um höchstens 0,5% Volumenanteil unterschreiten.

[g] Zusatzstoffe des Types II dürfen zugesetzt, aber nicht auf den Zementgehalt oder den *w/z* angerechnet werden.

[h] Die Gesteinkörnung bis 4 mm Größtkorn müssen überwiegend aus Quarz oder aus Stoffen mindestens gleicher Härte bestehen, das gröbere Korn aus Gestein oder künstlichen Stoffen mit hohem Verschleißwiderstand. Die Körner aller Gesteinskörnungen sollen mäßig raue Oberflächen und gedrungene Gestalt haben. Das Gesteinskorngemisch soll möglichst grobkörnig sein.

[i] Höchstzementgehalt 360 kg/m³, jedoch nicht bei hochfesten Betonen.

[j] Erdfeuchter Beton mit w/z ≤ 0,40 darf ohne Luftproben hergestellt werden.

[k] z.B. Vakuumieren und Flügelglätten des Betons.

Tabelle A 21/1: Betonrezepte für 1 m³ unbewehrten Standardbeton der Festigkeitsklasse C8/10					
Festigkeitsklasse des Zements	Größtkorn der Gesteinskörnung [mm]	Konsistenz	Zement [kg]	Zugabewasser [l]	Gesteinskörnung feucht [kg]
32,5	16	steif	231	107	1937
		plastisch	253	130	1864
		weich	286	153	1780
	32	steif	210	83	2011
		plastisch	230	107	1937
		weich	260	130	1856
42,5	16	steif	210	106	1956
		plastisch	230	129	1883
		weich	260	152	1802
	32	steif	189	83	2029
		plastisch	207	106	1959
		weich	234	129	1880

Tabelle A 21/2: Betonrezepte für 1 m³ unbewehrten Standardbeton der Festigkeitsklasse C12/15					
Festigkeitsklasse des Zements	Größtkorn der Gesteinskörnung [mm]	Konsistenz	Zement [kg]	Zugabewasser [l]	Gesteinskörnung feucht [kg]
32,5	16	steif	297	109	1878
		plastisch	330	133	1793
		weich	363	156	1709
	32	steif	270	86	1956
		plastisch	300	109	1875
		weich	330	133	1793
42,5	16	steif	270	108	1902
		plastisch	300	132	1820
		weich	330	155	1739
	32	steif	243	85	1980
		plastisch	270	108	1902
		weich	297	131	1824

Tabelle A 21/3: Betonrezepte für 1 m³ unbewehrten Standardbeton oder bewehrten Beton der Festigkeitsklasse C16/20					
Festigkeitsklasse des Zements	Größtkorn der Gesteinskörnung [mm]	Konsistenz	Zement [kg]	Zugabewasser [l]	Gesteinskörnung feucht [kg]
32,5	16	steif	319	110	1878
		plastisch	352	134	1774
		weich	396	158	1679
	32	steif	290	87	1937
		plastisch	320	110	1856
		weich	360	134	1766
42,5	16	steif	290	109	1883
		plastisch	320	132	1802
		weich	360	156	1712
	32	steif	261	85	1965
		plastisch	288	109	1885
		weich	324	133	1798

Tabelle A 22/1: Expositionsklassen und Betonzusammensetzung nach DIN EN 1992 Eurocode 2					
Klasse	Beschreibung der Umgebung	Beispiele für die Zuordnung von Expositionsklassen (informativ)	Max. Wasser-Zementwert	Mindestzementgehalt [kg/m³]	Mindestbetonfestigkeitsklasse
1 Kein Korrosions- oder Angriffsrisiko					
X0	Für Beton ohne Bewehrung oder eingebettetes Metall: alle Umgebungsbedingungen, ausgenommen Frostangriff Verschleiß oder chemischer Angriff	Fundamente ohne Bewehrung ohne Frost, Innenbauteile ohne Bewehrung	keine Anforderung	keine Anforderung	C8/10 LC12/13
2 Bewehrungskorrosion, ausgelöst durch Karbonatisierung [a]					
XC1	trocken oder ständig nass	Bauteile in Innenräumen mit üblicher Luftfeuchte (einschließlich Küche, Bad und Waschküche in Wohngebäuden); Beton, der ständig in Wasser getaucht ist	0,75	240	C16/20 LC16/18
XC2	nass, selten trocken	Teile von Wasserbehältern; Gründungsbauteile	0,75	240	C16/20 LC16/18
XC3	mäßige Feuchte	Bauteile, zu denen die Außenluft häufig oder ständig Zugang hat, z. B. offene Hallen. Innenräume mit hoher Luftfeuchte, z. B. in gewerblichen Küchen, Bädern, Wäschereien, in Feuchträumen von Hallenbädern und in Viehställen	0,65	260	C20/25 LC20/22
XC4	wechselnd nass und trocken	Außenbauteile mit direkter Beregnung	0,60	280	C25/30 LC25/28
3 Bewehrungskorrosion, ausgelöst durch Chloride, ausgenommen Meerwasser					
XD1	mäßige Feuchte	Bauteile im Sprühnebelbereich von Verkehrsflächen, Einzelgaragen	0,55	300	C30/37 [c] LC30/33
XD2	nass, selten trocken	Solebäder: Bauteile, die chloridhaltigen Industriewässern ausgesetzt sind	0,50	320	C35/45 [c,f] LC35/38
XD3	wechselnd nass und trocken	Teile von Brücken mit häufiger Spritzwasserbeanspruchung: Fahrbahndecken; direkt befahrene Parkdecks [b]	0,45	320	C35/45 [c] LC35/38
4 Bewehrungskorrosion, ausgelöst durch Chloride aus Meerwasser					
XS1	salzhaltige Luft, aber kein unmittelbarer Kontakt mit Meerwasser	Außenbauteile in Küstennähe	0,55	300	C30/37 [c] LC30/33
XS2	unter Wasser	Bauteile in Hafenanlagen, die ständig unter Wasser liegen	0,50	320	C35/45 [c,f] LC35/38
XS3	Tidebereiche, Spritzwasser- und Sprühnebelbereiche	Kaimauern in Hafenanlagen	0,45	320	C35/45 [c] LC35/38
5 Betonangriff durch Frost mit und ohne Taumittel					
XF1	mäßige Wassersättigung ohne Taumittel	Außenbauteile	0,60	280	C25/30 LC25/28
XF2	mäßige Wassersättigung mit Taumittel	Bauteile im Sprühnebel- oder Spritzwasserbereich von taumittelbehandelten Verkehrsflächen, soweit nicht XF4; Bauteile im Sprühnebelbereich von Meerwasser	0,55 0,50	300 320	C25/30 (LP [e]) C35/45 [f] LC25/28
XF3	hohe Wassersättigung ohne Taumittel	Offene Wasserbehälter; Bauteile in der Wasserwechselzone von Süßwasser	0,50 0,55	300 320	C25/30 (LP [e]) C35/45 [f] LC25/28

Tabelle A 22/1: Expositionsklassen und Betonzusammensetzung nach DIN EN 1992 Eurocode 2 (Fortsetzung)					
Klasse	Beschreibung der Umgebung	Beispiele für die Zuordnung von Expositionsklassen (informativ)	Max. Wasser-Zementwert	Mindestzementgehalt [kg/m³]	Mindestbetonfestigkeitsklasse
5 Betonangriff durch Frost mit und ohne Tausalz					
XF4	hohe Wassersättigung mit Taumittel	Verkehrsflächen, die mit Taumitteln behandelt werden; Überwiegend horizontale Bauteile im Spritzwasserbereich von taumittelbehandelten Verkehrsflächen; direkt befahrene Parkdecks[b]; Räumerlaufbahnen von Kläranlagen; Meerwasserbauteile in der Wasserwechselzone	0,50	320	C30/37[e,g] LC30/33
6 Betonangriff durch chemischen Angriff der Umgebung[d]					
XA1	chemisch schwach angreifende Umgebung	Behälter von Kläranlagen; Güllebehälter	0,60	320	C25/30 LC25/28
XA2	chemisch mäßig angreifende Umgebung und Meeresbauwerke	Betonbauteile, die mit Meerwasser in Berührung kommen; Bauteile in betonangreifenden Böden	0,50	300	C35/45[c,f] LC35/38
XA3	chemisch stark angreifende Umgebung	Industrieabwasseranlagen mit chemisch angreifenden Abwässern; Futtertische der Landwirtschaft; Kühltürme mit Rauchgasableitung	0,45	300	C35/45[c] LC35/38
7 Betonangriff durch Verschleißbeanspruchung					
XM1	mäßige Verschleißbeanspruchung	Tragende oder aussteifende Industrieböden mit Beanspruchung durch luftbereifte Fahrzeuge	0,55	300	C30/37[c] LC30/33
XM2	schwere Verschleißbeanspruchung	Tragende oder aussteifende Industrieböden mit Beanspruchung durch luft- oder vollgummibereifte Gabelstapler	0,55 0,45	300 320	C30/37[c,h] C35/45[c] LC30/33
XM3	extreme Verschleißbeanspruchung	Tragende oder aussteifende Industrieböden mit Beanspruchung durch elastomer- oder stahlrollenbereifte Gabelstapler; Oberflächen, die häufig mit Kettenfahrzeugen befahren werden; Wasserbauwerke in geschiebebelasteten Gewässern, z. B. Tosbecken	0,45	320	C35/45[c] LC35/38

a Die Feuchteangaben beziehen sich auf den Zustand innerhalb der Betondeckung der Bewehrung. Im Allgemeinen kann angenommen werden, dass die Bedinungen in der Betondeckung den Umgebungsbedingungen des Bauteils entsprechen. Dies braucht nicht der Fall zu sein, wenn sich zwischen dem Beton und seiner Umgebung eine Sperrschicht befindet.

b Ausführung nur mit zusätzlichen Maßnahmen (z. B. rissüberbrückende Beschichtung).

c Bei Verwendung von Luftporenbeton, z. B. auf Grund gleichzeitiger Anforderungen aus der Expositionsklasse XF, eine Festigkeitsklasse niedriger; siehe auch Fußnote e.

d Grenzwerte für die Expositionsklassen bei chemischem Angriff siehe DIN EN 206-1 und DIN 1045-2.

e Diese Mindestdruckfestigkeitsklassen gelten für Luftporenbeton mit Mindestanforderungen an den mittleren Lufgehalt im Frischbeton nach DIN 1045-2 unmittelbar vor dem Einbau.

f Bei langsam und sehr langsam erhärtenden Betonen ($r < 0{,}30$ nach DIN EN 206-1) eine Festigkeitsklasse im Alter von 28 Tagen niedriger. Die Druckfestigkeit zur Einteilung in die geforderte Druckfestigkeitsklasse ist auch in dieserm Fall an Probekörpern im Alter von 28 Tagen zu bestimmen.

g Erdfeuchter Beton mit $w/z \leq 0{,}40$ auch ohne Luftporen.

h Diese Mindestdruckfestigkeitsklasse erfordert eine Oberflächenbehandlung des Betons nach DIN 1045-2, z. B. Vakuumieren und Flügelglätten des Betons.

i Bei Verwendung eines CEM III/B nach DIN 1045-2:2001-07 für Räumerlaufbahnen in Beton ohne Luftporen mindestens C40/50 (hierbei gilt: $w/z \leq 0{,}35$. $z \geq 360\,kg/m^3$)

Stoffraumrechnung

Gehalt an Gesteinskörnung = Rochdichte der Gesteinskörnung · Gesamtstoffraum der Gesteinskörnung

$$g = \varrho_g \left[1000 - \left(\frac{z}{\varrho_z} + \frac{w}{\varrho_w} + p \right) \right]$$

z = Zementgehalt in kg
g = Gehalt an Gesteinskörnung
w = Wassergehalt in kg
p = Gehalt an Lufteinschlüssen
ϱ_z = Dichte des Zements in kg/dm^3
ϱ_g = Dichte der oberflächentrockenen Gesteinskörnung in kg/dm^3
ϱ_w = Dichte des Wassers in kg/dm^3

Tabelle A 24/1: Richtwerte für Dichten und Rohdichten in kg/dm³

Kiessand	2,65	Portlandzement	CEM I	3,1
Dichter Kalkstein	2,75	Portlandhüttenzement	CEM II/A-S	3,0
Erstarrungsgestein,			CEM II/B-S	3,0
z.B. Basalt	2,9	Hochofenzement	CEM III/A	3,0
Wasser	1,0		CEM III/B	3,0
		Portlandpuzzolan-	CEM II/A-P	2,9
		zement	CEM II/B-P	2,9

Betonmischung nach Masseteilen

Mischungsverhältnis = Zementgehalt : Gehalt an Gesteinskörnung : Wassergehalt

$$MV = z : g : w$$

Tabelle A 24/2: Konsistenzklassen nach DIN EN 206-1 (Übersicht)

Prüfverfahren	Anwendungsbereich	**Klasse**	Grenzen	Konsistenzbereich
Verdichtungsmaß [1] DIN EN 12350-4	> 1,04	**C0**	≥ 1,46	sehr steif
		C1	1,45...1,26	steif
		C2	1,25...1,11	plastisch
		C3	1,10...1,04	weich
Ausbreitmaß [mm] DIN EN 12350-5	> 340	**F1**	≤ 340	steif
		F2	350...410	plastisch
		F3	420...480	weich
		F4	490...550	sehr weich
		F5	560...620	fließfähig
		F6	≥ 630	sehr fließfähig

Die verschiedenen Konsistenzklassen nach den unterschiedlichen Prüfverfahren sind nicht direkt miteinander vergleichbar.

Tabelle A 24/3: Anzahl der Mischungen je m³ Beton bei verschiedenen Mischergrößen

Nenninhalt des Mischers nach DIN 459	[m³]	0,150	0,250	0,333	0,500	0,750	1,000
Anzahl der Mischungen je m³ bei Betonkonsistenz	steif	8	4,8	3,6	2,4	1,6	1,2
	plastisch	7,3	4,4	3,3	2,2	1,5	1,1
	weich	7	4,2	3,1	2,1	1,4	1,05

Tabelle A 24/4: Mindestprüfmenge je Siebung

Größtkorn [mm]	bis 4	bis 8	bis 16	bis 32	bis 63
Prüfgutmenge [g]	200	600	2 600	10 000	40 000

7.4 Stahlbetonbau

$$\text{Anzahl der Bewehrungstäbe} = \frac{\text{Breite der Bewehrungsanordnung}}{\text{Achsabstand zwischen den Bewehrungsstäben}} + 1$$

$$n = \frac{B_{as} \text{ in cm}}{s \text{ in cm}} + 1$$

Tabelle A 25/1: Kennwerte von Betonstabstahl

Nenndurchmesser d_s (mm)	6	8	10	12	14	16	20	25	28
Umfang U (cm)	1,89	2,51	3,14	3,77	4,40	5,03	6,28	7,85	8,80
Nennquerschnitt A_s (cm²)	0,283	0,503	0,785	1,13	1,54	2,01	3,14	4,91	6,16
Gewicht je m (kg/m)	0,222	0,395	0,617	0,888	1,21	1,58	2,47	3,85	4,83

Tabelle A 25/2: Anhaltswerte der Längenzugabe für Haken und Winkelhaken bei BSt 500 S

Haken	Zugabe für Haken	Stabdurchmesser d_s in mm	Zugabe für Winkelhaken	Winkelhaken
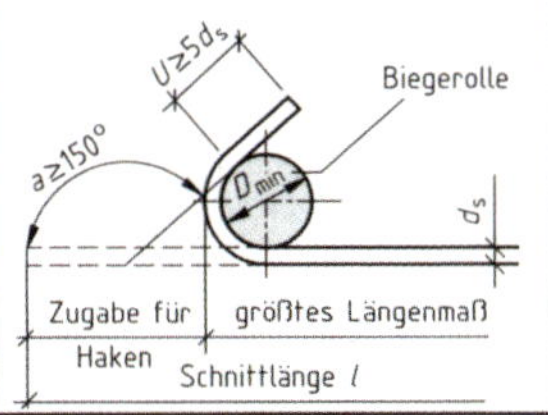	~ 10 d_s	≤ 16	~ 8 d_s	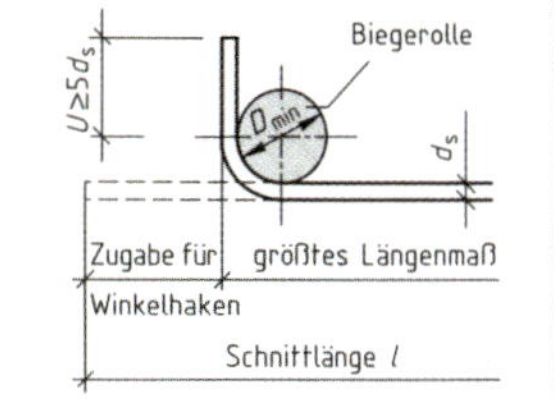
	~ 12 d_s	20 bis 28		

Tabelle A 25/3: Betonstahl-Lagermatten B500B

Mattentyp / Mattenbezeichnung	Querschnitte cm²/m *längs / quer*	Abmessungen m *Länge / Breite*	Randeinsparung (Längsrichtung)	Mattenaufbau in Längsrichtung und Querrichtung: Stababstände mm längs / quer	Stabdurchmesser mm: Innenbereich	Stabdurchmesser mm: Randbereich	Anzahl der Längsrandstäbe: links	Anzahl der Längsrandstäbe: rechts	Überstände mm Anfang/Ende / links/rechts	Gewicht kg je m²	Gewicht kg je Matte
Q 188A	1,88 / 1,88	6,00 / 2,30	ohne	150 / 150	6,0 / 6,0				75 / 25	3,02	41,7
Q 257A	2,57 / 2,57			150 / 150	7,0 / 7,0					4,12	56,8
Q 335A	3,35 / 3,35			150 / 150	8,0 / 8,0					5,38	74,3
Q 424A	4,24 / 4,24		mit	150 / 150	9,0 / 9,0	7,0	4	4		6,12	84,4
Q 524A	5,24 / 5,24			150 / 150	10,0 / 10,0	7,0	4	4		7,31	100,9
Q 636A	6,36 / 6,28	6,00 / 2,35		100 / 125	9,0 / 10,0	7,0	4	4	62,5 / 25	9,36	132,0
R 188A	1,88 / 1,13	6,00 / 2,30	ohne	150 / 250	6,0 / 6,0				125 / 25	2,43	33,6
R 257A	2,57 / 1,13			150 / 250	7,0 / 6,0					2,99	41,2
R 335A	3,35 / 1,13			150 / 250	8,0 / 6,0					3,64	50,2
R 424A	4,24 / 2,01		mit	150 / 250	9,0 / 8,0	8,0	2	2		4,87	67,2
R 524A	5,24 / 2,01			150 / 250	10,0 / 8,0	8,0	2	2		5,49	75,7

Tabelle A 26/1: Druckfestigkeitsklassen für Beton

	Druckfestigkeitsklassen	$f_{ck,cyl}$ (Zylinder) in N/mm²	$f_{ck,cube}$ in N/mm²
Normal- und Schwerbeton	C8/10	8	10
	C12/15	2	15
	C16/20	16	20
	C20/25	20	25
	C25/30	25	30
	C30/37	30	37
	C35/45	35	45
	C40/50	40	50
	C45/55	45	55
	C50/60	50	60
hochfester Beton	C55/67	55	67
	C60/75	60	75
	C70/85	70	85
	C80/95	80	95
	C90/105*	90	105
	C100/115*	100	115

Tabelle A 26/3: Betondeckung der Bewehrung für Betonstahl in Abhängigkeit von der Expositionsklasse und dem Stabdurchmesser

Expositionsklasse[1]	d_s in mm	c_{min} in mm	Δc in mm	c_{nom} in mm
XC1	bis 10	10	10	20
	12,14	15		25
	16, 20	20		30
	25	25		35
	28	30		40
XC2, XC3	bis 20	20	15	35
	25	25		40
	28	30		45
XC4	bis 25	25		40
	28	30		45
XD1, XD2, XD3	bis 28	40		55

[1] Bei mehreren zutreffenden Expositionsklassen für ein Bauteil ist jeweils die Expositionsklasse mit der höchsten Anforderung maßgebend.

c_{min} **Mindestmaß** der Betondeckung, Kontrollmaß für das erhärtete Betonbauteil

Δc **Vorhaltemaß** zur Sicherung von c_{nom}

c_{nom} **Nennmaß** der Betondeckung, maßgebend für die statische Berechnung

Nennmaß = Mindestmaß + Vorhaltemaß dafür

$c_{nom} = c_{min} + \Delta c$

Tabelle A 26/1: Druckfestigkeitsklassen für Leichtbeton

	Druckfestigkeitsklassen	Mindestdruckfestigkeit von Zylindern $f_{ck,cyl}$ in N/mm²	Mindestdruckfestigkeit von Würfeln $f_{ck,cube}$ in N/mm²
	LC8/9	8	9
	LC12/13	12	13
	LC16/18	16	18
	LC20/22	20	22
	LC25/28	25	28
	LC30/33	30	33
	LC35/38	35	38
	LC40/44	40	44
	LC45/50	45	50
	LC50/55	50	55
hochfester Leichtbeton	LC55/60	55	60
	LC60/66	60	66
	LC70/77	70	77
	LC80/88	80	88

Tabelle A 26/4: Mindestwerte der Biegerollendurchmesser D_{min}

Bügel, Haken, Winkelhaken und Schlaufen

d_s (mm)	< 20	≥ 20
D_{min}	$4\,d_s$	$7\,d_s$

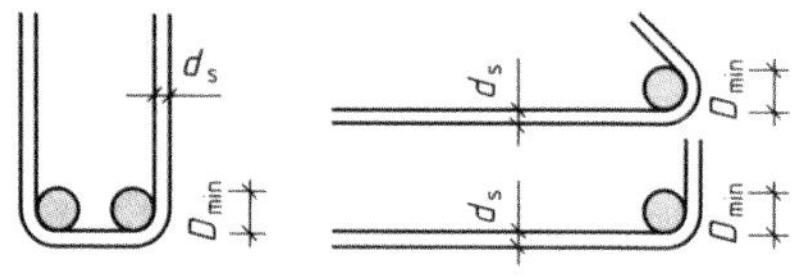

Aufbiegungen und Krümmungen

seitliche Betondeckung c_s	> 10 cm und > 7 d_s	> 5 cm und > 3 d_s	≤ 5 cm oder ≤ 3 d_s
D_{2min}	10 d_s	15 d_s	20 d_s

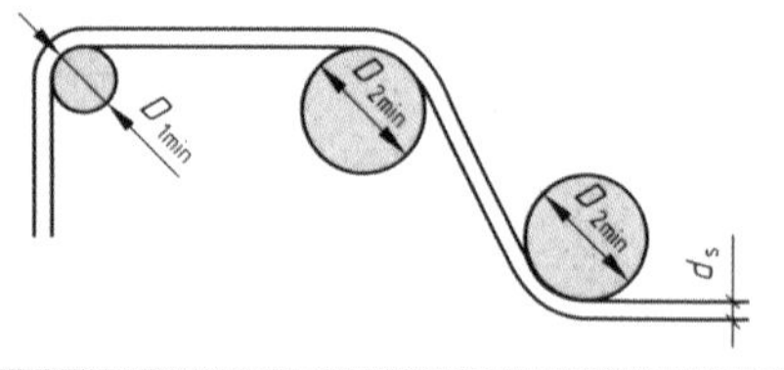

8 Bautechnische Mechanik

8.1 Einheiten der Kraft

Newton (N)
Kilonewton (kN)
Meganewton (MN)

$$1\,\text{N} = \frac{1\,\text{kg} \cdot \text{m}}{\text{s}^2}$$

Umrechnung der Einheiten von Kräften

	· 1000	· 1000	Multiplikator von Einheit zu Einheit
	MN	kN	N
MN	1	1000	1000000
kN	0,001	1	1000
N	0,000001	0,001	1
Teiler von Einheit zu Einheit		: 1000	: 1000

Darstellung der Kraft

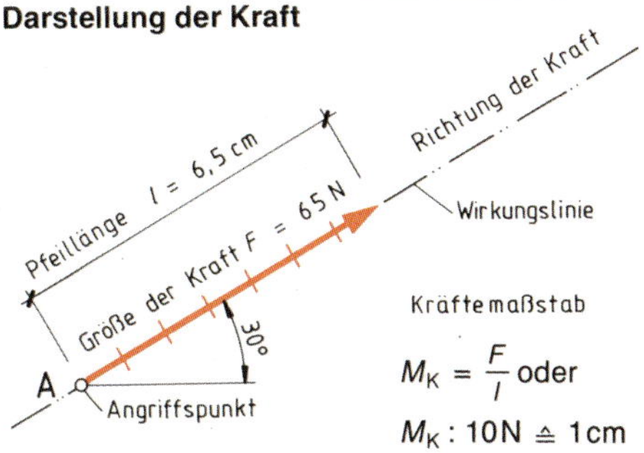

Kräftemaßstab

$M_K = \frac{F}{l}$ oder

M_K : 10N ≙ 1cm

Kräftemaßstab

$$\text{Pfeillänge} = \frac{\text{Kraft}}{\text{Kräftemaßstab}} \qquad M_k = \frac{F}{l}$$

$$l = \frac{F}{M_k} \qquad F = l \cdot M_k$$

Zusammensetzen von Kräften

Zusammensetzen von Kräften mit gleicher Wirkungslinie

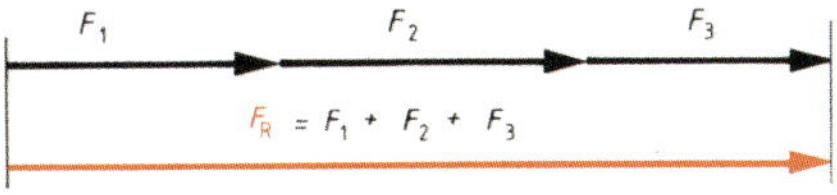

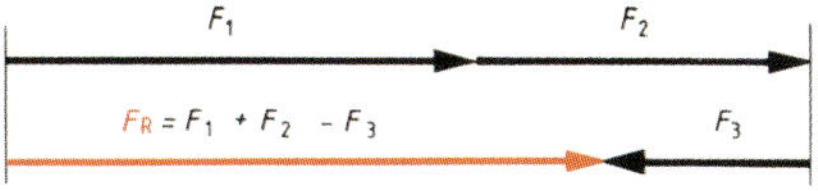

$F_R = F_1 + F_2 + F_3$

$F_R = F_1 + F_2 - F_3$

Zusammensetzen von Kräften mit verschiedenen Wirkungslinien

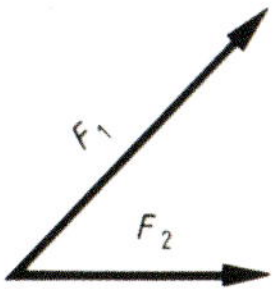

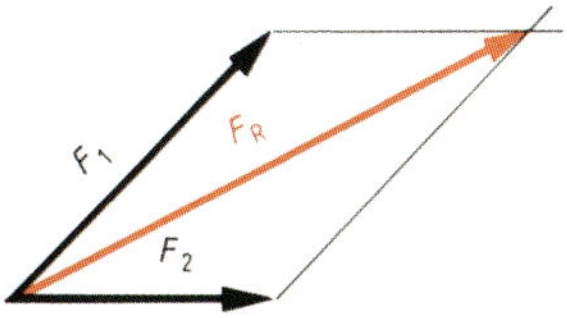

Kräfteparallelogramm

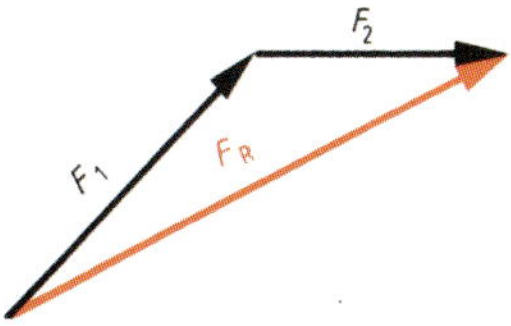

Kraftdreieck

Zerlegen einer Kraft *F*

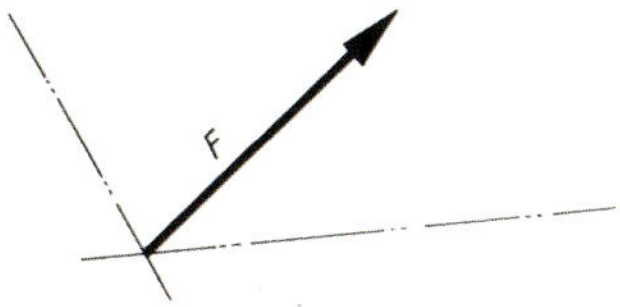

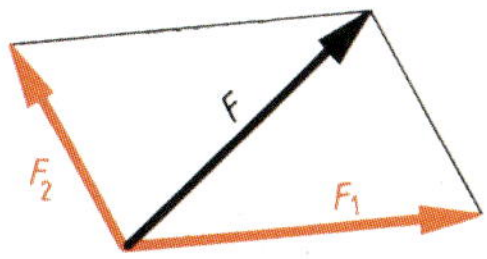

Kräfteparallelogramm

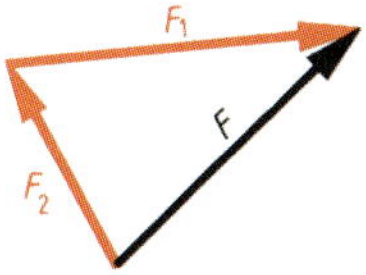

Kraftdreieck

Gleichgewicht der Kräfte

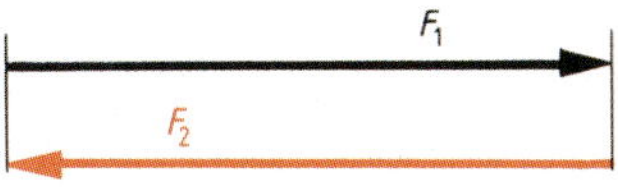

8.2 Hebel, Rolle, Schiefe Ebene

Einseitiger Hebel

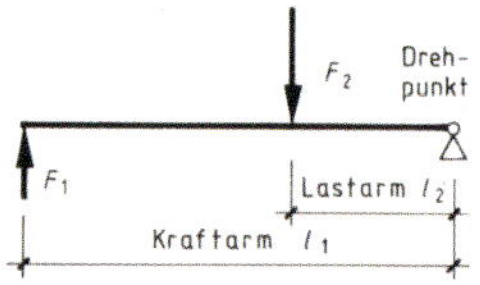

Kraft · Kraftarm = Last · Lastarm

$$F_1 \cdot l_1 = F_2 \cdot l_2$$

Zweiseitiger Hebel

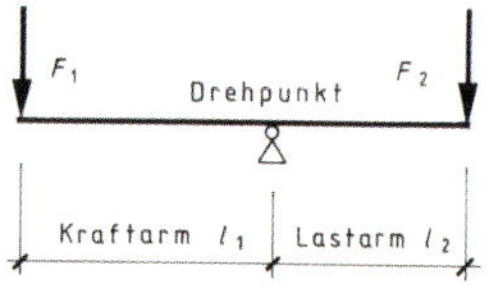

$$F_1 = \frac{F_2 \cdot l_2}{l_1} \qquad l_1 = \frac{F_2 \cdot l_2}{F_1}$$

$$F_2 = \frac{F_1 \cdot l_1}{l_2} \qquad l_2 = \frac{F_1 \cdot l_1}{F_2}$$

Drehmoment

Drehmoment = Kraft · Hebelarm

$$M = F \cdot l$$

$$F = \frac{M}{l}$$

$$l = \frac{M}{F}$$

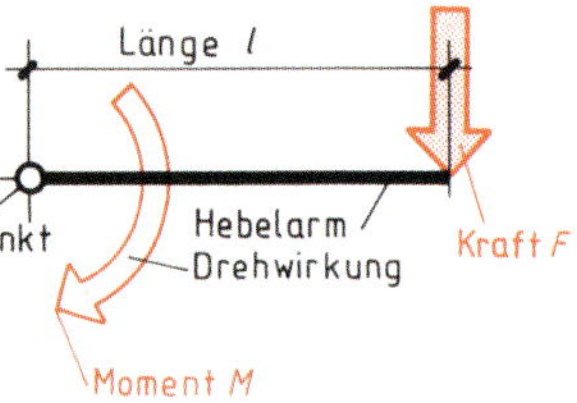

Rollen und Flaschenzüge

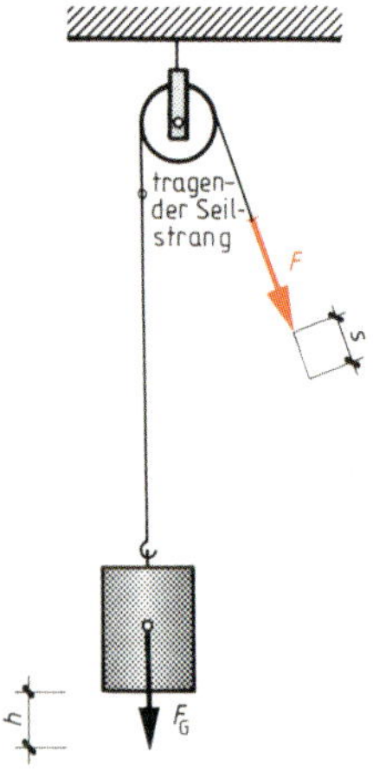

Feste
Rolle

$$F = F_G$$

$$s = h$$

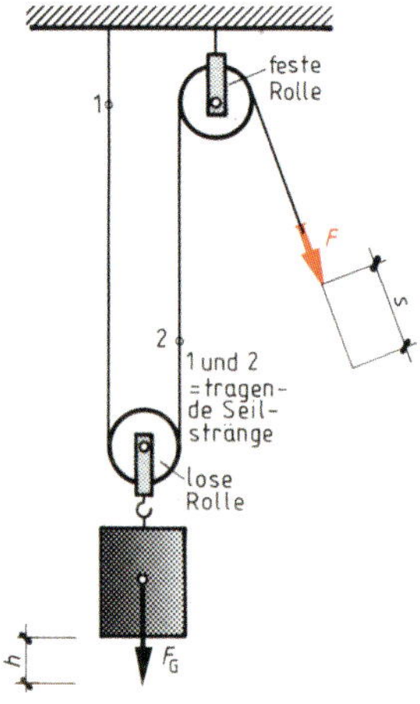

Einfacher
Flaschenzug

$$F = \frac{F_G}{2}$$

$$s = 2h$$

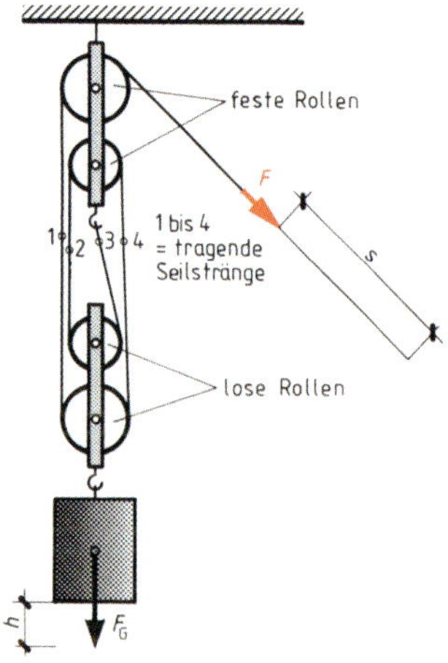

Flaschenzug mit
4 Rollen ($n = 4$)

$$F = \frac{F_G}{n}$$

$$s = n \cdot h$$

Schiefe Ebene

Kraft · Kraftweg = Gewichtskraft · Hubhöhe

$$F \cdot s = F_G \cdot h$$

$$F = \frac{F_G \cdot h}{s} \qquad F_G = \frac{F \cdot s}{h}$$

$$s = \frac{F_G \cdot h}{F} \qquad h = \frac{F \cdot s}{F_G}$$

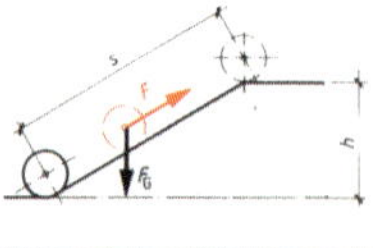

8.3 Arbeit, Leistung, Wirkungsgrad

Arbeit

Einheiten: Joule (J), Kilojoule (kJ), Megajoule (MJ)

Arbeit = Kraft · Kraftweg

$$W = F \cdot s$$

$$F = \frac{W}{s} \qquad s = \frac{W}{F}$$

1 J = 1 Nm
1 kJ = 1 kNm
1 MJ = 1 MNm

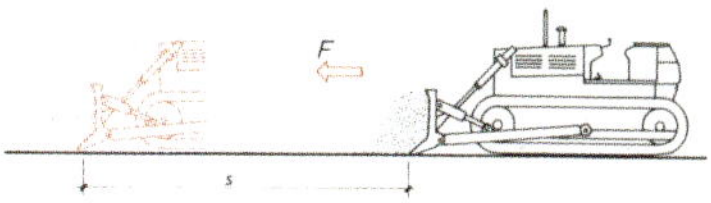

Leistung

Einheiten: Watt (W), Kilowatt (kW), Megawatt (MW)

$$\text{Leistung} = \frac{\text{Kraft x Kraftweg}}{\text{Zeit}}$$

$$P = \frac{F \cdot s}{t}$$

$$F = \frac{P \cdot t}{s} \qquad s = \frac{P \cdot t}{F} \qquad t = \frac{F \cdot s}{P}$$

1000 W = 1 kW
1000 kW = 1 MW

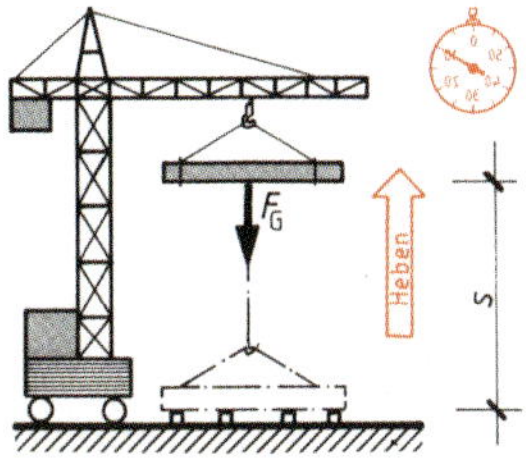

$$1\,\text{W} = 1\,\frac{\text{Nm}}{\text{s}} = 1\,\frac{\text{J}}{\text{s}}; \quad 1\,\text{kW} = 1\,\frac{\text{kNm}}{\text{s}} = 1\,\frac{\text{kJ}}{\text{s}}; \quad 1\,\text{MW} = 1\,\frac{\text{MNm}}{\text{s}} = 1\,\frac{\text{MJ}}{\text{s}}$$

Wirkungsgrad

$$\text{Wirkungsgrad} = \frac{\text{abgegebene Leistung}}{\text{zugeführte Leistung}}$$

$$\eta = \frac{P_{ab}}{P_{zu}}$$

$$P_{ab} = \eta \cdot P_{zu} \qquad P_{zu} = \frac{P_{ab}}{\eta}$$

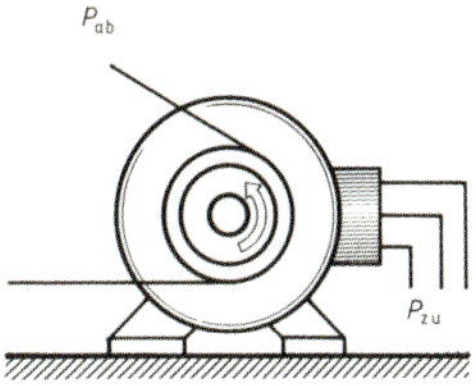

8.4 Spannung

$$\text{Spannung} = \frac{\text{Kraft}}{\text{Querschnittsfläche}}$$

$$\sigma = \frac{F}{A}$$

$$A = \frac{F}{\sigma} \qquad F = \sigma \cdot A$$

F in N, MN
A in mm², m²
σ in $\frac{\text{N}}{\text{mm}^2}$, $\frac{\text{MN}}{\text{m}^2}$

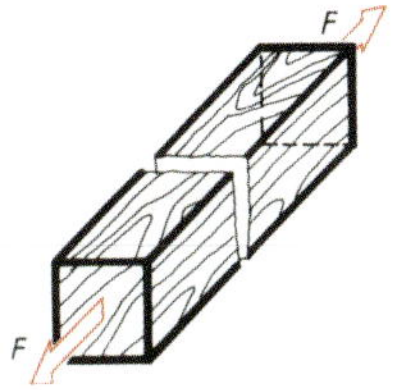

$$\text{Zugspannung} = \frac{\text{Zugkraft}}{\text{Querschnittsfläche}}$$

$$\sigma_Z = \frac{F}{A}$$

$$F = \sigma_Z \cdot A \qquad A = \frac{F}{\sigma_Z}$$

$$\text{Druckspannung} = \frac{\text{Druckkraft}}{\text{Querschnittsfläche}}$$

$$\sigma_D = \frac{F}{A}$$

$$F = \sigma_D \cdot A \qquad A = \frac{F}{\sigma_D}$$

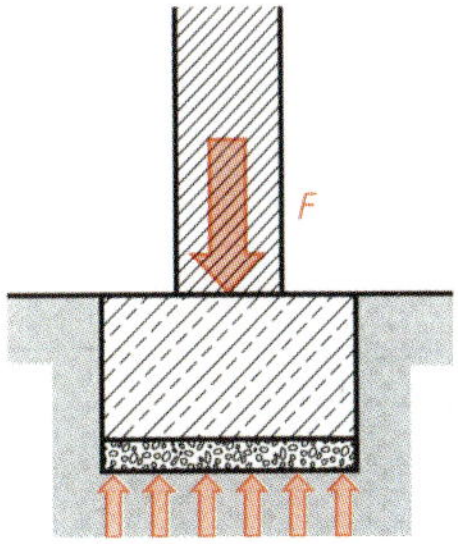

Knicken

$$\text{Schlankheit} = \frac{\text{Knickhöhe}}{\text{kleinste Dicke}}$$

$$\lambda = \frac{h_K}{\min d}$$

8.5 Lasten am Bau

gesamte Einwirkungen	=	ständige Einwirkungen	+	veränderliche Einwirkungen
Volllast r	=	g	+	q

in $\frac{\text{kN}}{\text{m}}$ oder in $\frac{\text{kN}}{\text{m}^2}$

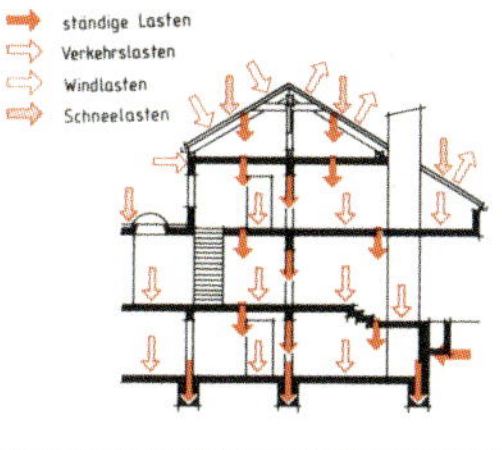

$$\text{Bodenpressung} = \frac{\text{Auflast}}{\text{Auflagerfläche}} \qquad \sigma_{vorh} = \frac{F_{vorh}}{A_{vorh}} \leq \sigma_{zul}$$

Tabelle A 30/1: Zulässige Bodenpressung bei Flachgründungen, vereinfachte Mittelwerte

Bodenart	σ_{zul} in kN/m²	Bodenart	σ_{zul} in kN/m²
Nichtbindige Böden, fest gelagert		**Fels** mit geringer Klüftung, unverwittert, mit geschlossener Schichtenfolge	
– Fein- und Mittelsand bis zu 1 mm Korngröße	200	– von geringer Festigkeit	1000
– Grobsand von 1 mm bis 3 mm Korngröße	300	– in fester Beschaffenheit	1500
– Kiessand mit mind. 1/3 Raumteilen Kies und Kies bis 70 mm Korngröße	700	– in massiger Ausbildung, gesund	4000
Bindige Böden (Lehm, Ton, Mergel)		**Eigenschaften bindiger Böden**	
– breiig	–	– quillt beim Pressen in der Faust durch die Finger	
– weich	40	– lässt sich leicht kneten	
– steif	80	– lässt sich schwer kneten, aber in der Hand zu 3 mm dicken Röllchen ausrollen ohne zu reißen oder zu zerbröckeln	
– halbfest	150	– bröckelt und reißt beim Ausrollen der 3 mm dicken Röllchen, ist so feucht, dass er sich zu einem Klumpen formen lässt	
– fest	300	– ist ausgetrocknet, nicht mehr knetbar und zerbricht. Ein Zusammenballen der Teile ist nicht mehr möglich	
– gemischtkörnig	150 bis 500		

$$\text{zulässige Druckspannung} = \frac{\text{Druckfestigkeits-Rechenwert}}{\text{Sicherheitsbeiwert}} \qquad \sigma_{zul} = \frac{\beta_R}{\gamma}$$

Tabelle A 30/2: Druckspannungen für Bauteile aus unbewehrtem Beton nach DIN 1045-1/01

Festigkeitsklasse	Zylinderfestigkeit $f_{ck,cyl}$ in MN/m²	Sicherheitsbeiwert γ_c	Abminderungsfaktor α	Bemessungswert der Betondruckfestigkeit f_{cd} in MN/m²	zul. Betondruckspannung[1]) in MN/m²
C12/15	12	1,8	0,85	5,67	4,05
C16/20	16			7,56	5,40
C20/25	20			9,44	6,74
C25/30	25			11,81	8,44
C30/37	30			14,17	10,12
C35/45	35			16,53	11,81

Es darf rechnerisch keine höhere Betonfestigkeitsklasse als C35/45 ausgenutzt werden.
Die Langzeitwirkung wird durch die Abminderung $\alpha = 0{,}85$ berücksichtigt.
[1]) Nur anwendbar, wenn 2/3 der Lasten Eigenlasten und 1/3 der Lasten Nutzlasten sind.

Tabelle A 30/3: Grundwerte der zulässigen Druckspannungen σ_0 in MN/m² von Mauerwerk aus künstlichen Steinen nach DIN 1053

Steinfestigkeitsklasse	Normalmörtel der Mörtelgruppe I	II	IIa	III	IIIa	Dünnbettmörtel[2])	Leichtmörtel LM 21	LM 36
2	0,3	0,5	0,5[1])	–	–	0,6	0,5[3])	0,5[3])[4])
4	0,4	0,7	0,8	0,9	–	1,0	0,7[5])	0,8[6])
6	0,5	0,9	1,0	1,2	–	1,4	0,7	0,9
8	0,6	1,0	1,2	1,4	–	1,8	0,8	1,0
12	0,8	1,2	1,6	1,8	1,9	2,0	0,9	1,1
20	1,0	1,6	1,9	2,4	3,0	2,9	0,9	1,1
28	–	1,8	2,3	3,0	3,5	3,4	0,9	1,1
36	–	–	–	3,5	4,0	–	–	–
48	–	–	–	4,0	4,5	–	–	–
60	–	–	–	4,5	5,0	–	–	–

[1]) $\sigma_0 = 0{,}6$ MN/m² bei Außenwänden mit Dicken $\geq$ 300 mm. Diese Erhöhung gilt jedoch nicht für den Nachweis der Auflagerpressung.
[2]) Verwendung nur bei Porenbeton-Plansteinen nach DIN 4165 und bei Kalksand-Plansteinen. Die Werte gelten für Vollsteine. Für Kalksand-Lochsteine und Kalksand-Hohlblocksteine nach DIN 106 Teil 1 gelten die entsprechenden Werte bei Mörtelgruppe III bis Steinfestigkeitsklasse 20.
[3]) Für Mauerwerk mit Mauerziegeln nach DIN 105 Teil 1 bis DIN 105 Teil 4 gilt $\sigma_0 = 0{,}4$ MN/m².
[4]) $\sigma_0 = 0{,}6$ MN/m² bei Außenwänden mit Dicken $\geq$ 300 mm. Diese Erhöhung gilt jedoch nicht für den Nachweis der Auflagerpressung.
[5]) Für Kalksandsteine nach DIN 106 Teil 1 der Rohdichteklasse $\geq 0{,}9$ und für Mauerziegel nach DIN 105 Teil 1 bis 4 gilt $\sigma_0 = 0{,}5$ MN/m².
[6]) Für Mauerwerk mit den in Fußnote [5]) genannten Mauersteinen gilt $\sigma_0 = 0{,}7$ MN/m².

Tabelle A 31/1: Lastannahmen für Bauten, Auszug aus DIN 1055

Lagerstoffe, Rechenwerte in kN/m³

Naturbims	9,00	Hüttenbims, trocken	7,00
Hochofenstückschlacke	18,00	Hochofenschlacke, granuliert	11,00
Kies oder Sand, trocken o. erdfeucht	18,00	Kies oder Sand, naß	20,00
Ziegelsplitt, erdfeucht	15,00	Blähton, Blähschiefer	15,00

Metalle, Rechenwerte in kN/m³

Aluminium	27,0	Blei	114,0
Aluminiumlegierungen	28,0	Gußeisen	72,5
Stahl	78,5	Kupfer	89,0

Holz und Holzwerkstoffe, Rechenwerte in kN/m³

Nadelholz, allgemein	4,0 bis 6,0	Brettschichtholz im Holzleimbau	4,0 bis 5,0
Laubholz	6,0 bis 8,0	Stabsperrholz	4,5 bis 6,5
Spanplatten	5,0 bis 7,5	Furniersperrholz	4,5 bis 8,0

Beton, Rechenwerte in kN/m³

Leichtbeton (LC)	Rohdichteklassen in g/cm³					
	1,0	1,2	1,4	1,6	1,8	2,0
LC mit haufwerksporigem Gefüge	10,0	12,0	14,0	16,0	18,0	20,0
LC mit geschlossenem Gefüge	10,5	12,5	14,5	16,5	18,5	20,5
Stahlleichtbeton	11,5	13,5	15,5	17,5	19,5	21,5

Normalbeton mit geschlossenem Gefüge	bis C 12/15	23,0
	ab C 16/20	24,0
Stahlbeton aus Normalbeton	ab C 20/25	25,0

Bei Frischbeton sind die Werte im allgemeinen um 1 kN/m³ zu erhöhen.

Mauer und Putzmörtel, Rechenwerte in kN/m³

Gipsmörtel ohne Sand	12,00	Kalkmörtel	18,00
Gipssandmörtel	18,00	Kalkzementmörtel	20,00
Kalkgipsmörtel	18,00	Zementmörtel	21,00
Mörtel mit Putz- und Mauerbinder	21,00	Lehmmörtel	20,00

Mauerwerk aus künstlichen Steinen, Rechenwerte in kN/m³

Steinrohdichte in g/cm³		0,5	0,6	0,7	0,8	0,9	1,0	1,2	1,4	1,6	1,8	2,0	2,1	2,2	2,5
Mauerwerk mit	normalem Mauermörtel	7	8	9	10	11	12	14	15	17	18	20	21	22	25
	Leichtmauermörtel	6	7	8	9	10	11	13	—	—	—	—	—	—	—

Die Rechenwerte gelten nur für unverputztes Mauerwerk

Tabelle A 32/1: Lastannahmen für Bauten, Auszug aus DIN 1055

Decken und Wände, Rechenwerte in kN/m² je cm Dicke			
Stahlbetondecken einschl. Bewehrung	0,25	Porengips-Wandbauplatte (Rohdichte 0,7)	0,07
Gips-Wandbauplatte (Rohdichte 0,9)	0,09	Gipsplatte	0,11
Putze, Rechenwerte in kN/m²			
Gipsputz 15 mm dick	0,18	Kalkputz 20 mm dick	0,35
Kalkzementputz 20 mm dick	0,40	Zementputz 20 mm dick	0,42
Luftporenputz 20 mm dick	0,25	Putz aus Putz u. Mauerbindern, 20 mm dick	0,40
Fußboden- und Wandbeläge, Rechenwerte in kN/m² je cm Dicke			
Asphaltbeton	0,24	Betonwerksteinplatten	0,24
Estriche: Kunstharz, Zement, Anhydrit	0,22	Natursteinplatten mit Verlegemörtel	0,30
Hartstoffestrich	0,24	Gußasphaltestrich	0,23
Keramische Wandfliesen einschl. Mörtelbett	0,19	Keramische Bodenfliesen,	
Kunststoff-Fußböden	0,15	einschließlich Mörtelbett	0,22
Linoleum	0,13	Teppichböden	0,03
Sperrstoffe, Rechenwerte in kN/m² je Lage			
Bitumendachpappen	0,03	Bitumen-Dachdichtungsbahnen	0,04
Bituminöse Schweißbahnen	0,07	Kunststoffbahnen	0,02
Dämmstoffe, Rechenwerte in kN/m² je cm Dicke			
Faserdämmstoffe	0,01	Schaumkunststoffplatten	0,04
Mehrschicht-Leichtbauplatten		Holzwolleleichtbauplatten	
— Zweischichtplatten	0,045	— bei 15 mm Plattendicke	0,06
— Dreischichtplatten	0,09	— bei 100 mm Plattendicke	0,04
Holzfaserplatten, weich	0,04	Korkschrotplatten	0,02
Dachdeckungen, Rechenwerte in kN/m²			
Dachsteine mit hochliegendem Längsfalz,		Dachsteine mit tiefliegendem Längspfalz	0,65
Falzziegel, Reformpfannen, Falzpfannen	0,55	Strangfalzziegel	0,60
Biberschwanzziegel und Biberschwanz-		Altdeutsche Schieferdeckung	
dachsteine – bei Spließdach	0,60	auf 22 mm Schalung	0,60
– bei Doppeldach und Kronendach	0,75	Kupferdach mit doppelter Falzung	
Faserzement – Wellenplatten	0,24	auf 22 mm Schalung	0,30
Rechenwerte gelten für 1 m² Dachfläche ohne Sparren, Pfetten und Dachbinder			
Dachabdichtung und Dachdeckung für Flachdächer, Rechenwerte in kN/m² je Schicht			
Ausgleichsschicht - lose	0,03	Dampfausgleichsschicht - lose	0,02
— einschl. Klebemasse	0,04	— einschl. Klebemasse	0,04
Dachabdichtung		Dachdeckung	
- 3lagige Dachabd. einschl. Klebemasse	0,17	- 2lagige Dachabd. einschl. Klebemasse	0,15
- 2lagige Dachabd. einschl. Klebemasse	0,13	Dampfausgleichsschicht, lose	0,02
- 1lagige Kunststoffbahn, lose	0,02	einschl. Klebemasse	0,04
Dampfsperre einschl. Klebemasse	0,07	Oberflächenschutz, 5 cm Kiesschüttungen	
aus Kunststoffbahn, lose	0,02	einschl. Deckaufstrich	1,00
Oberflächenschutz, Bekiesung (Kiespressung)		Mehrbelastung für jeden weiteren cm	0,19
einschl. Kieseinbettmasse	0,20	Besplittung einschl. Deckaufstrich	0,05

Bemessungswerte der Festigkeiten f_d in N/mm² nach DIN EN 1995-1-1

Beanspruchung von **Nadelholz**	Festigkeitsklasse C24	Festigkeitsklasse C30	Beanspruchung von **Laubholz**	Festigkeitsklasse D30	Festigkeitsklasse D40
Biegung	14,77	18,46	Biegung	18,46	24,61
Zug parallel	8,62	11,08	Zug parallel	11,08	14,76
Zug rechtwinklig	0,25	0,25	Zug rechtwinklig	0,31	0,31
Druck parallel	12,92	14,15	Druck parallel	14,15	16,00
Druck rechtwinklig	1,54	1,66	Druck rechtwinklig	4,92	5,42

Werte für mittlere Lasteinwirkungsdauer, Holzfeuchte wie Nutzungsklasse 1 und 2, Sicherheitsbeiwert 1,3

Festigkeit von Brettschichtholz in N/mm²

Festigkeitsklasse nach charakterist. Biegefestigkeit	
Homogenes Brettschichtholz	Kombiniertes[1] Brettschichtholz
GL24h	GL24c
GL28h	GL28c
GL32h	GL32c
GL36h	GL36c

[1] Unterschiedliche Festigkeitsklassen von inneren und äußeren Lamellen

Zuordnung von Sortierklassen

Sortierklasse nach DIN 4074-1	Festigkeitsklasse nach EN 338	charakteristische Biegefestigkeit in N/mm²
S7	C 16	16
S10	C 24	24
S13	C 30	30
S15*)	C 35	35

*) Nur für apparativ unterstützte visuelle Schnittholzsortierung möglich

Tabelle A 33/2: Schmale I-Träger mit geneigten inneren Flanschflächen

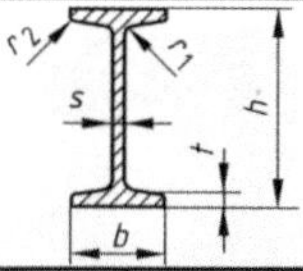

Kurzzeichen[1] I	Maße mm h	b	s=r_1	t	r_2	Querschnittsfläche cm²	Gewicht kg/m
80	80	42	3,9	5,9	2,3	7,57	5,94
100	100	50	4,5	6,8	2,7	10,6	8,34
120	120	58	5,1	7,7	3,1	14,2	11,1
140	140	66	5,7	8,6	3,4	18,2	14,3
160	160	74	6,3	9,5	3,8	22,8	17,9
180	180	82	6,9	10,4	4,1	27,9	21,9
200	200	90	7,5	11,3	4,5	33,4	26,2
220	220	98	8,1	12,2	4,9	39,5	31,1
240	240	106	8,7	13,1	5,2	46,1	36,2
260	260	113	9,4	14,1	5,6	53,3	41,9
280	280	119	10,1	15,2	6,1	61,0	47,9
300	300	125	10,8	16,2	6,5	69,0	54,2
320	320	131	11,5	17,3	6,9	77,7	61,0
340	340	137	12,2	18,3	7,3	86,7	68,0
360	360	143	13,0	19,5	7,8	97,0	76,1
380	380	149	13,7	20,5	8,2	107	84,0
400	400	155	14,4	21,6	8,6	118	92,4
450	450	170	16,2	24,3	9,7	147	115
500	500	185	18,0	27,0	10,8	179	141
550	550	200	19,0	30,0	11,9	212	166

Tabelle A 33/3: Breite I-Träger mit parallelen Flanschflächen HEB (IPB-Reihe)

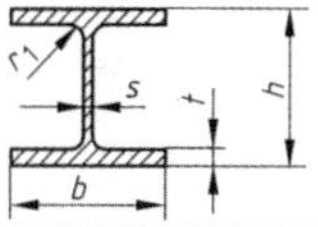

Kurzzeichen[2]	Maße mm h	b	s	t	r_1	Querschnittsfläche cm²	Gewicht kg/m
100	100	100	6	10	12	26,0	20,4
120	120	120	6,5	11	12	34,0	26,7
140	140	140	7	12	12	43,0	33,7
160	160	160	8	13	15	54,3	42,6
180	180	180	8,5	14	15	65,3	51,2
200	200	200	9	15	18	78,1	61,3
220	220	220	9,5	16	18	91,0	71,5
240	240	240	10	17	21	106	83,2
260	260	260	10	17,5	24	118	93,0
280	280	280	10,5	18	24	131	103
300	300	300	11	19	27	149	117
320	320	300	11,5	20,5	27	161	127
340	340	300	12	21,5	27	171	134
360	360	300	12,5	22,5	27	181	142
400	400	300	13,5	24	27	198	155
450	450	300	14	26	27	218	171
500	500	300	14,5	28	27	239	187
550	550	300	15	29	27	254	199
600	600	300	15,5	30	27	270	212
650	650	300	16	31	27	286	225
700	700	300	17	32	27	306	241
800	800	300	17,5	33	30	334	262
900	900	300	18,5	35	30	371	291
1000	1000	300	19	36	30	400	314

[1] Beispiel: **I-Profil DIN 1025 – I 160** Bezeichnung eines warmgewalzten schmalen I-Trägers mit geneigten inneren Flanschflächen und einer Höhe von 160 mm.

[2] Beispiel: **I-Profil DIN 1025 – HE 450 B** Bezeichnung eines warmgewalzten breiten I-Trägers mit paralleler Flanschfläche und einer Höhe von 450 mm.

8.6 Auflagerkräfte am Träger

Gleichgewicht bei vertikalen Kräften

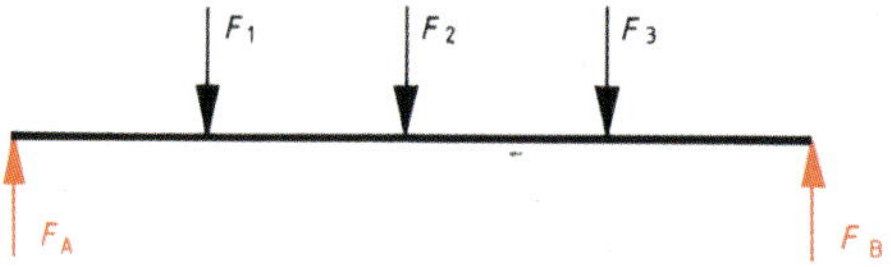

Summe aller Vertikalkräfte ist Null

$$\sum F_V = 0$$

$$F_A + F_B - F_1 - F_2 - F_3 = 0$$

Gleichgewicht bei horizontalen Kräften

Summe aller Horizontalkräfte ist Null

$$\sum F_H = 0$$

$$F_{AH} - F_H = 0$$

Gleichgewicht der Momente

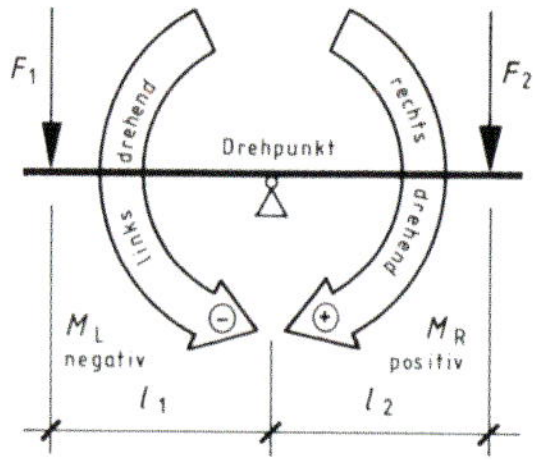

Summe der Momente ist Null

$$\sum M = 0$$

$$F_2 \cdot l_2 - F_1 \cdot l_1 = 0$$

Berechnung von Auflagerkräften am Träger

Berechnung der Auflagerkraft F_A

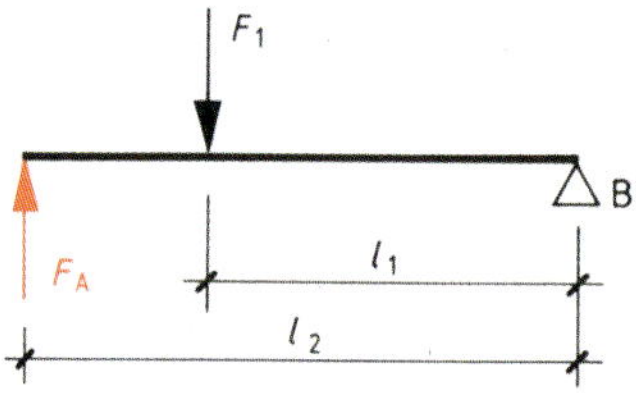

$$(\sum M)_B = 0$$

$$F_A \cdot l_2 - F_1 \cdot l_1 = 0$$

$$F_A = \frac{F_1 \cdot l_1}{l_2}$$

Berechnung der Auflagerkraft F_B

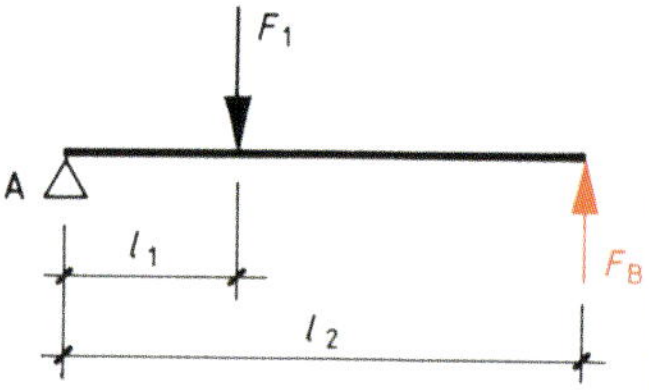

$$(\sum M)_A = 0$$

$$-F_B \cdot l_2 + F_1 l_1 = 0$$

$$F_B = \frac{F_1 \cdot l_1}{l_2}$$

Kontrollrechnung: $F_A + F_B - F_1 = 0$

Belastung durch Streckenlasten

Ersatzlast = Streckenlast · Länge

$$F_Q = q \cdot c$$

F_Q in kN
q in kN/m
c in m

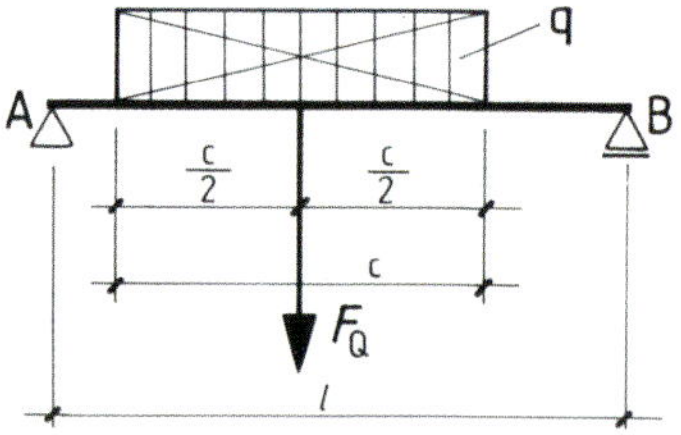

9 Mauerbögen

9.1 Rundbogen

$$\text{Bogenlänge der Leibung} = \frac{\pi \cdot \text{Spannweite}}{2}$$

$$b_L = \frac{\pi \cdot s}{2}$$

$$\text{Bogenlänge am Rücken} = \frac{\pi \cdot (\text{Spannweite} + 2 \cdot \text{Bogendicke})}{2}$$

$$b_R = \frac{\pi\ (s + 2 \cdot d_B)}{2}$$

$$\text{Anzahl der Schichten} = \frac{\text{Bogenlänge} - \text{Mindestfugendicke}}{\text{Schichthöhe}}$$

$$\text{Fugendicke} = \frac{\text{Bogenlänge} - \text{Anzahl der Schichten} \cdot \text{Steinhöhe}}{\text{Anzahl der Schichten} + 1}$$

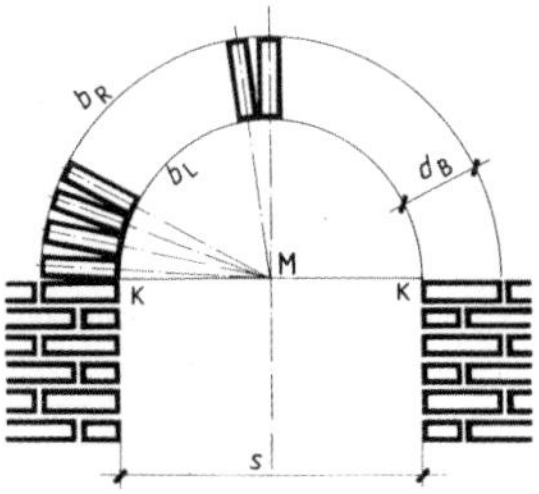

b_L Bogenlänge der Leibung
b_R Bogenlänge des Rückens
b_B Dicke des Bogens
s Spannweite
M Mittelpunkt
K Kämpferpunkte

Tabelle A 35/1: Bogendicke bei Rundbögen

Spannweite	Bogendicke
bis 2,0m	11^5cm, 24cm
2,0m bis 3,5m	36^5cm
3,5m bis 5,0m	49cm

9.2 Segmentbogen

$$\text{Bogendurchmesser} = \text{Stichhöhe} + \frac{(\text{Spannweite})^2}{4 \cdot \text{Stichhöhe}}$$

$$d_L = h + \frac{s^2}{4 \cdot h}$$

$$r_L = \frac{h}{2} + \frac{s^2}{8 \cdot h}$$

$$\text{Bogenlänge} = \pi \cdot \text{Durchmesser} \cdot \frac{\alpha}{360}$$

$$b_L = \pi \cdot d \cdot \frac{\alpha}{360}$$

$$b_L = \pi \cdot r \cdot \frac{\alpha}{180}$$

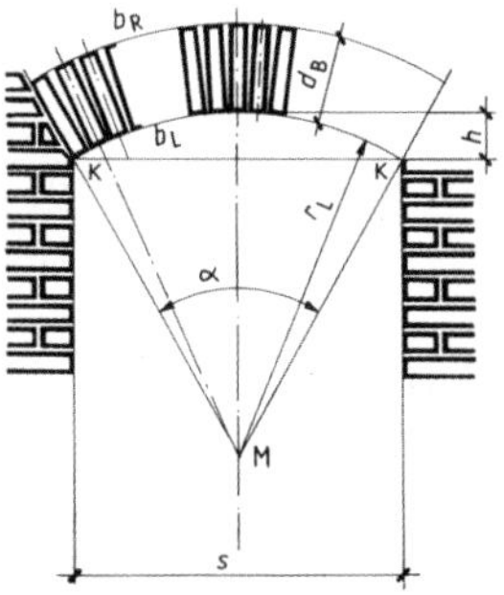

b_L Bogenlänge der Leibung
b_R Bogenlänge des Rückens
r_L Bogenradius der Leibung
d_B Bogendicke
s Spannweite
h Stichhöhe
α Mittelpunktswinkel
M Mittelpunkt
K Kämpferpunkte

Tabelle A 35/2: Näherungswerte für Mittelpunktswinkel

$\frac{\text{Stichhöhe}}{\text{Spannweite}}$	$\frac{1}{6}$	$\frac{1}{7}$	$\frac{1}{8}$	$\frac{1}{9}$	$\frac{1}{10}$	$\frac{1}{11}$	$\frac{1}{12}$
Mittelpunktswinkel α	74°	64°	56°	50°	45°	41°	38°

Tabelle A 35/3: Bogendicke bei Segmentbögen

Spannweite	Bogendicke
bis 2,0m	24cm, 36^5cm
2,0m bis 3,5m	36^5cm, 49cm
3,5m bis 5,0m	49cm, 61^5cm

10 Treppen

10.1 Gerade Treppen

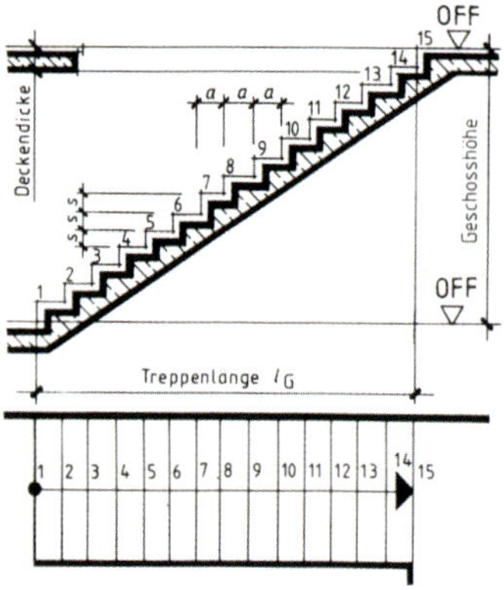

Anzahl der Steigungen $= \dfrac{\text{Geschosshöhe}}{\text{angenommene Steigungshöhe}}$

Steigungshöhe $s = \dfrac{\text{Geschosshöhe}}{\text{Anzahl der Steigungen}}$

Auftrittsbreite = Schrittlänge — 2 Steigungshöhen

$a = 63\,\text{cm} - 2s$

Steigungsverhältnis = Steigungshöhe / Auftrittsbreite

oder s/a

Treppenlänge = (Anzahl der Steigungen — 1) · Auftrittsbreite

Podesttiefe = n · Schrittlänge + 1 Auftrittsbreite

Treppenlochlänge $= \dfrac{(\text{Treppenlänge} + 1\ \text{Auftrittsbreite}) \cdot (\text{Durchgangshöhe} + \text{Deckendicke})}{\text{Geschoßhöhe}}$

Treppenlochlänge $= \dfrac{\text{Auftrittsbreite} \cdot (\text{Durchgangshöhe} + \text{Deckendicke})}{\text{Steigungshöhe}}$

10.2 Gewendelte Treppen

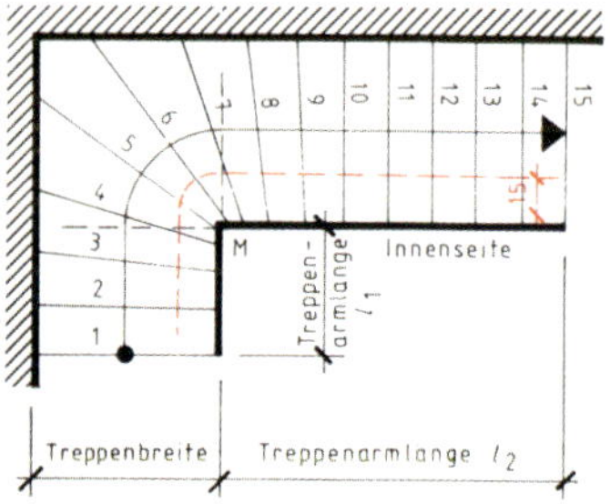

Bogenlänge$_{\text{Lauflinie}}$ $= \dfrac{\text{Umfang}}{4}$ bzw. $\dfrac{\text{Umfang}}{2}$

Bogendifferenz = Bogenlänge$_{\text{Lauflinie}}$ — Bogenlänge$_{\text{Hilfslinie}}$

Größe der Verminderung = Bogendifferenz : Anzahl der Teile

Verminderte Auftrittsbreite* = Auftrittsbreite a — zugeordnete Anzahl der Teile je Stufe · Größe der Verminderung

Treppenarmlänge l_2 = Lauflänge — Bogenlänge$_{\text{Lauflinie}}$ — festgelegte Treppenarmlänge l_1

* min $a \geq 10$ cm

Längenänderung = Temperaturdehnzahl · Ausgangslänge · Temperaturdifferenz

$$\Delta l = \alpha \cdot l_1 \cdot \Delta T$$

$$l_1 = \frac{\Delta l}{\alpha \cdot \Delta T} \qquad \Delta T = \frac{\Delta l}{\alpha \cdot l_1}$$

Wärmedurchlasswiderstand bei einschichtigen Bauteilen:

$$\text{Wärmedurchlasswiderstand} = \frac{\text{Schichtdicke des Bauteils}}{\text{Wärmeleitfähigkeit}}$$

$$R = \frac{d}{\lambda}$$

R in $\frac{m^2 \cdot K}{W}$
d in m
λ in $\frac{W}{m \cdot K}$

Wärmedurchlasswiderstand bei mehrschichtigen Bauteilen:

Wärmedurchlasswiderstand = Summe der Wärmedurchlasswiderstände der einzelnen Bauteilschichten

$$R = \frac{d_1}{\lambda_1} + \frac{d_2}{\lambda_2} + \frac{d_3}{\lambda_3} + \frac{d_4}{\lambda_4} + \ldots + \frac{d_n}{\lambda_n}$$

R in $\frac{m^2 \cdot K}{W}$
d in m
λ in $\frac{W}{m \cdot K}$

$$R = R_T - (R_{si} + R_{se})$$

R_T, R, R_{si}, R_{se} in $\frac{m^2 \cdot K}{W}$

Wärmedurchgangswiderstand

$$R_T = R_{si} + R + R_{se}$$

R_T, R_{si}, R, R_{se} in $\frac{m^2 \cdot K}{W}$

Wärmedurchgangskoeffizient

$$\text{Wärmedurchgangskoeffizient} = \frac{1}{\text{Wärmedurchgangswiderstand}}$$

$$U = \frac{1}{R_T} = \frac{1}{R_{si} + R + R_{se}}$$

R_T, R_{si}, R, R_{se} in $\frac{m^2 \cdot K}{W}$

U in $\frac{W}{m^2 \cdot K}$

Tabelle A 37/1: Temperaturdehnzahlen von Baustoffen

Baustoff	Temperaturdehnzahl α in mm/(m · K)
Stahlbeton	0,01
Mauerwerk aus Klinker	0,01
Mauerwerk aus Kalksandstein, Porenbeton, Leichtbeton	0,008
Mauerwerk aus Mauerziegeln	0,006
Schamottestein	0,008
Glas, Fliesen	0,008
Baustahl	0,01
Kupfer	0,017
Aluminium	0,024
Zink, Blei	0,029

Tabelle A37/2: Wärmedurchlasswiderstand R_g von ruhenden Luftschichten nach DIN EN ISO 6946 in $m^2 \cdot K/W$ [1])

Luftschichtdicke in mm	Richtung des Wärmestroms aufwärts	horizontal	abwärts
5	0,11	0,11	0,11
7	0,13	0,13	0,13
10	0,15	0,15	0,15
15	0,16	0,17	0,17
25	0,16	0,18	0,19
50	0,16	0,18	0,21
100	0,16	0,18	0,22
300	0,16	0,18	0,23

[1]) Die Werte gelten für Luftschichten, die nicht mit der Außenluft in Verbindung stehen. Werte unter horizontal gelten für Wärmestromrichtungen ± 30° zur horizontalen Ebene.

Tabelle A 38/1: Belüftete Luftschichten nach DIN EN ISO 6946			
Öffnungen in der Außenschale für den Luftaustausch zwischen Luftschicht und Außenumgebung	Querschnitte der Öffnungen bei		
	noch ruhender Luftschicht	schwach belüfteter Luftschicht	stark belüfteter Luftschicht
für vertikale Luftschichten je m Länge (z.B. in Wänden)	$\leq$ 500 mm²	$>$ 500 mm² bis $<$ 1500 mm²	$\geq$ 1500 mm²
für horizontale Luftschichten je m² Oberfläche (z.B. in Decken)	$\leq$ 500 mm²	$>$ 500 mm² bis $<$ 1500 mm²	$\geq$ 1500 mm²

Wärmedurchlasswiderstände von belüfteten Luftschichten

bei **noch ruhenden** Luftschichten:
R_g – Werte nach Tab. A 37/2

bei **schwach** belüfteten Luftschichten:
R_g – Werte nach Tab. A 37/2 Halbieren

bei **stark** belüfteten Luftschichten:
R_g – Werte entfallen (dafür $R_{se} = R_{si}$)

Tabelle A 38/2: Wärmeleitfähigkeit verschiedener Baustoffe nach DIN V 4108 (Auszug)					
Baustoffe	Rohdichte ϱ kg/m³	Wärmeleitfähigkeit λ W/(m · K)	Baustoffe	Rohdichte ϱ kg/m³	Wärmeleitfähigkeit λ W/(m · K)
Beton			**Wärmedämmstoffe**		
Normalbeton (unbewehrt und bewehrt)	2400	2,00	Holzwolle-Leichtbauplatte (homogene Platte) (WW) **		
Leichtbeton	1000	0,36	$\geq$ 25 mm dick	360–460	0,090
			15 mm bis 24 mm dick	460–570	0,150
Mauerwerk					
Vollklinker	2000	0,96	Mehrschicht-Leichtbauplatte (WW-C) **		
Vollziegel, Lochziegel	1200	0,50			
Hochlochziegel, Typ W	700	0,21	– mit Polystyrolhartschaum		0,040
Kalksand-Vollsteine	1800	0,99	– mit Mineralwolleschicht		0,045
Kalksand-Lochsteine	1400	0,70	– mit Holzwolledeckschicht(en)	460–650	0,15
Leichtbeton-Vollsteine	1200	0,54			
Leichtbeton-Hohlblocksteine (Dreikammersteine)	800	0,41	Polystyrol-Hartschaum (EPS) Wärmeleitfähigkeitsstufe		
Porenbetonsteine	600	0,19	WLS 035		0,035
			WLS 040		0,040
Putze, Estriche, Mörtel					
Kalkputz, Kalkzementputz	1800	1,00	Polyurethan-Hartschaum (PUR)		
Zementmörtel	2000	1,60			
Kalkgipsputz	1400	0,70	Wärmeleitfähigkeitsstufe		
Gipsputz	1200	0,51	WLS 025		0,025
Kunstharzputz	1100	0,70	WLS 030		0,030
Zementestrich	2000	1,40	WLS 035		0,035
Gussasphaltestrich	2100	0,70			
			Mineralische und pflanzliche Faserdämmstoffe	8–500	
Gipsbaustoffe			Wärmeleitfähigkeitsstufe		
Gipswandplatten	1200	0,58			
Gipsplatten	800	0,25	WLS 035		0,035
			WLS 040		0,040
Holz, Holzwerkstoffe *			WLS 045		0,045
Hartholz	700	0,18			
Weichholz	500	0,13	**Sonstige** *		
Sperrholz	700	0,17	Glas	2500	1,00
Holzspanplatte	600	0,14	Stahl	7800	50
Holzfaserplatte, hart, HB	800	0,18	Aluminium-Legierungen	2800	160
Holzfaserplatte, porös, SB	250	0,07	Kupfer	8900	380

* Nach DIN EN 12524, ** Nach DIN 1101

	Tabelle A 39/1: Bemessungswerte der Wärmeübergangswiderstände nach DIN EN ISO 6946 und EN ISO 13370		
	Bauteile 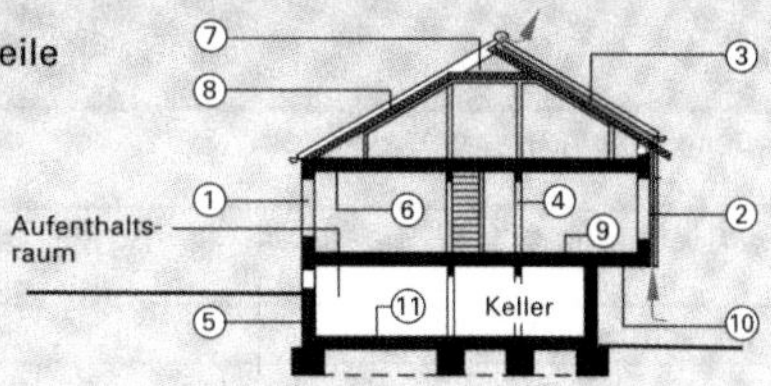	Wärmeübergangswiderstand innen R_{si} (m² · K)/W	Wärmeübergangswiderstand außen R_{se} (m² · K)/W
1	Außenwand ohne hinterlüfteter Außenhaut	0,13	0,04
2	Außenwand mit hinterlüfteter Außenhaut, Wände zu Garagen und offenen Hausfluren, Wände zu nicht wärmegedämmten Dachräumen	0,13	0,13
3	Wohnungstrennwände, Wände zu fremdgenutzten Räumen, zu dauernd unbeheizten Räumen, Abseitenwand zum wärmegedämmten Dachraum	0,13	0,13
4	Treppenraumwand zum Treppenraum	0,13	0,13
5	Wände, die an das Erdreich grenzen	0,13	0,04
6	Wohnungstrenndecken, Decken zwischen fremden Arbeitsräumen, Decken unter gedämmten Dachräumen allgemein und in zentralbeheizten Gebäuden	0,10	0,10
7	Decken unter nicht ausgebauten Dachräumen oder unter belüfteten Räumen (z. B. belüftete Dachschrägen)	0,10	0,04
8	Decken, die Aufenthalträume nach oben gegen die Außenluft abgrenzen (z. B. Flachdächer und Decken unter Terrassen)	0,10	0,04
	Wärmegedämmte Steildächer Neigung $\geq 5°$ – Belüftet – Neigung $\leq 60°$	0,10	0,10
	Wärmegedämmte Steildächer Neigung $\geq 5°$ – Belüftet – Neigung $> 60°$	0,13	0,13
	Wärmegedämmte Steildächer Neigung $\geq 5°$ – Nicht belüftet mit belüfteter Deckung ohne Zu- und Abluftöffnungen, Steildach mit Schalung – Neigung $\leq 60°$	0,10	0,04
	Wärmegedämmte Steildächer Neigung $\geq 5°$ – Nicht belüftet mit belüfteter Deckung ohne Zu- und Abluftöffnungen, Steildach mit Schalung – Neigung $> 60°$	0,13	0,04
9	Kellerdecken, Decken gegen abgeschlossene unbeheizte Hausflure	0,17	0,17
10	Decken, die Aufenthaltsräume nach unten gegen die Außenluft abgrenzen, z. B. über Garagen oder Durchfahrten	0,17	0,04
11	Unterer Abschluss nicht unterkellerter Aufenthaltsräume, unmittelbar an das Erdreich grenzend	0,17	0,04

Tabelle A 39/2: Mindestwerte der Wärmedurchlasswiderstände *R* für leichte Bauteile mit einer flächenbezogenen Gesamtmasse von < 100 kg/m², sowie für Rahmen- und Skelettbauarten nach DIN 4108-2

	Bauteile		Wärmedurchlasswiderstand *R* (m² · K/W)
1	Außenwände, Decken unter nicht ausgebauten Dachräumen und Dächer (< 100 kg/m²)		1,75
2	Rahmen- und Skelettbauarten	im Gefachbereich	1,75
		für das gesamte Bauteil im Mittel (R_m)	1,00
3	Rolladenkästen		1,00
4	Deckel von Rolladenkästen		0,55
5	Nichttransparenter Teil der Ausfachungen von Fensterwänden und Fenstertüren	bei > 50% der Gesamtausfachungsfläche	1,20
		bei < 50% der Gesamtausfachungsfläche	1,00

Tabelle A 40/1: Mindestwerte der Wärmedurchlasswiderstände *R* für wärmeübertragende Bauteile und einer flächenbezogenen Gesamtmasse von ≥100 kg/m², nach DIN 4108-2

Bauteile			Wärmedurchlass-widerstand *R* ($m^2 \cdot K/W$)
1	Außenwände einschließlich Nischen und Brüstungen unter Fenstern, Fensterstürzen und Wärmebrücken		1,20
2	Wände von Aufenthaltsräumen gegen Bodenräume, Durchfahrten, offene Hausflure, Garagen		1,20
3	Wohnungstrennwände, Wände zu fremdgenutzten Räumen		0,07
4	Treppenraumwände zum Treppenraum	mit Innentemperaturen Θ ≤10°C, aber Treppenraum frostfrei	0,25
		mit Innentemperaturen Θ >10°C, z. B. in in Verwaltungsgebäuden, Hotels, Gaststätten und Wohngebäuden	0,07
5	Wände von Aufenthaltsräumen, die an das Erdreich grenzen		1,20
6	Wohnungstrenndecken, Decken zwischen fremden Arbeitsräumen, Decken unter ausgebauten Dachräumen mit gedämmten Dachschrägen und Abseitenwänden	allgemein	0,35
		in zentralbeheizten Bürogebäuden	0,17
7	Decken unter nicht ausgebauten Dachräumen, Decken unter belüfteten Räumen zwischen Dachschrägen und Abseitenwänden bei ausgebauten Dachräumen, wärmegedämmte Dachschrägen		0,90
8	Decken und Dächer, die Aufenthaltsräume nach oben gegen die Außenluft abgrenzen, Decken und Dächer unter Terrassen, Umkehrdächer (mit zusätzlicher Zuschlagsberechnung)		1,20
9	Kellerdecken, Decken gegen abgeschlossene, unbeheizte Hausflure		0,90
10	Decken, die Aufenthaltsräume nach unten gegen die Außenluft abgrenzen, z. B. über Garagen, Durchfahrten und belüfteten Kriechkellern		1,75
11	Unterer Abschluss nicht unterkellerter Aufenthaltsräume, wenn unmittelbar an das Erdreich grenzend (bis zu einer Raumtiefe von 5 m) oder über einem nicht belüfteten Hohlraum an das Erdreich grenzend		0,90

Tabelle A 40/2: Höchstwerte der Wärmedurchgangskoeffizienten U_{max} bei Errichtung kleiner Gebäude oder erstmaligem Einbau, Ersatz und Erneuerung von Bauteilen bei Wohngebäuden mit Innentemperaturen ≥ 19°C (EnEV 2014)

Zeile	Bauteil	Maßnahme	U_{max} in $W/(m^2 \cdot K)$
1	Außenwände	a) die ersetzt oder erstmalig eingebaut werden b) wenn auf der Außenseite Bekleidungen oder Verschalungen sowie Mauerwerks-Vorsatzschalen angebracht werden c) wenn der Außenputz erneuert wird	0,24
2	Gegen Außenluft abgenzende Fenster, Fenstertüren, Dachflächenfenster und Glasdächer	a) die ersetzt oder erstmalig eingebaut werden b) wenn zusätzliche Vor- oder Innenfenster eingebaut werden c) die Verglasung oder verglaste Flügelrahmen ersetzt werden	1,1 bis 2,0
3	Außentüren	die erneuert werden	1,8
4	Dachflächen sowie Decken und Wände gegen unbeheizte Dachräume	a) die ersetzt oder erstmalig eingebaut werden b) wenn eine Dachdeckung einschließlich Lattung und Verschalung ersetzt oder neu aufgebaut wird c) wenn eine flächige Abdichtung ersetzt wird d) wenn auf der kalten Seite einer Wand oder Decke Bekleidungen oder Verschalungen aufgebracht oder erneuert werden oder Dämmschichten eingebaut werden	0,20 bis 0,24
5	Wände oder Decken nach unten gegen Erdreich oder unbeheizte Räume	a) die ersetzt oder erstmalig eingebaut werden b) wenn außenseitige Bekleidungen oder Verschalungen, Feuchtigkeitssperren oder Drainagen angebracht oder erneuert werden c) Fußbodenaufbauten auf der beheizten Seite aufgebaut oder erneuert werden d) Deckenbekleidungen auf der Kaltseite angebracht werden	0,24 bis 0,30 (bei Fußbodenaufbauten 0,50)
6	Vorhangfassaden	a) in Pfosten-Riegel-Konstruktion, die ersetzt oder erstmalig eingebaut werden	1,5
		b) mit Sonderverglasung	2,3

12 Berechnungen für Baueingaben

Art und Maß der baulichen Nutzung von Baugrundstücken

$$\text{Grundfächenzahl (GRZ)} = \frac{\text{Grundfläche } (m^2)}{\text{Grundstücksfläche } (m^2)}$$

$$\text{Geschossflächenzahl (GFZ)} = \frac{\text{Geschossfläche } (m^2)}{\text{Grundstücksfläche } (m^2)}$$

Tabelle A 41/1: Obergrenzen für die Bestimmung des Maßes der baulichen Nutzung (§ 17 BauNVO)

Baugebiet (Beb.-Pl.) Beispiele	Zahl der Vollgeschosse	Grundflächenzahl (GRZ)	Geschossflächenzahl (GFZ)	Baumassenzahl (BMZ)
Kleinsiedlungsgebiet (WS)	bestimmt durch Festsetzung im Bebauungsplan z.B. als – Höchstmaß – Mindestmaß – zwingend	0,2	0,4	–
Reines Wohngebiet (WR) Allgemeines Wohngebiet (WA)		0,4	1,2	–
Dorfgebiet (MD) Mischgebiet (MI)		0,6	1,2	–
Gewerbegebiet (GE) Industriegebiet (GI)		0,8	2,4	10,0

Berechnung der Grundflächen nach DIN 277

Brutto-Grundfläche = Netto-Grundfläche + Konstruktions-Grundfläche
BGF = NGF + KGF

Netto-Grundfläche = Brutto-Grundfläche – Konstruktions-Grundfläche
NGF = BGF – KGF

Konstruktions-Grundfläche = Brutto-Grundfläche – Netto-Grundfläche
KGF = BGF – NGF

Flächen nach DIN 277

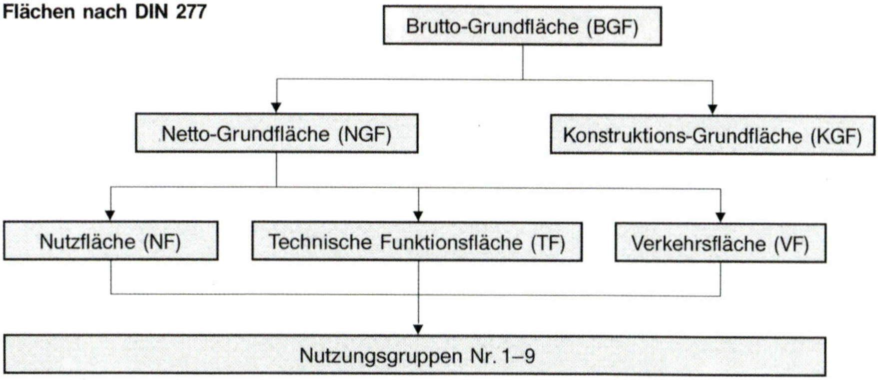

Berechnung der Rauminhalte nach DIN 277

Tabelle A 42/1: Maßgebliche Höhe nach DIN 277

Geschosse allseitig umschlossen und überdeckt BRIa		Geschosse nicht allseitig umschlossen, jedoch überdeckt BRIb		Bauteile umschlossen, jedoch nicht überdeckt BRIc	
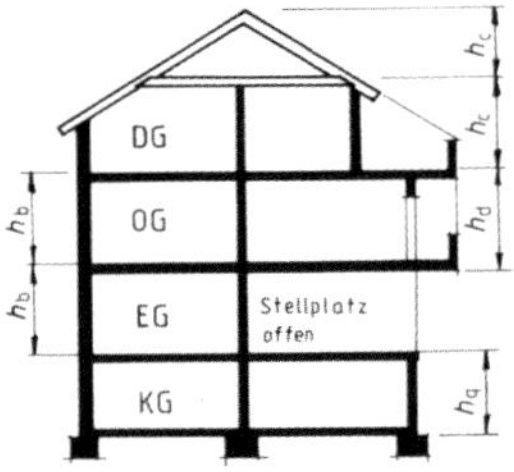 		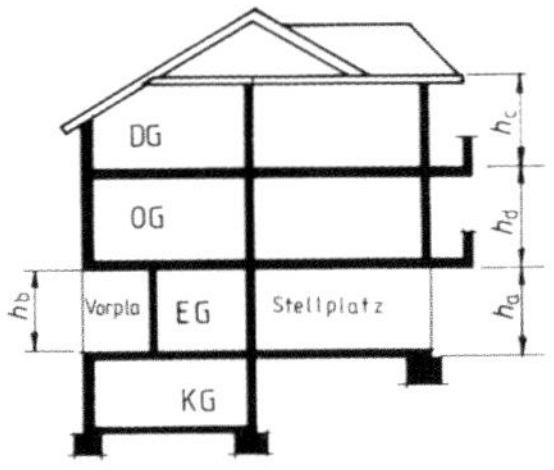 		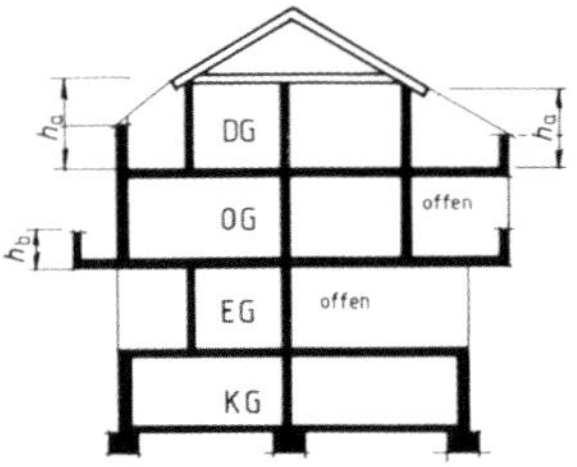 	
h_a	für Flächen im unteren Geschoss, h_a = Raumhöhe + Dicke von Boden und Decke	h_a	für Flächen im untersten Geschoss, das durch ein umschlossenes Geschoß überdeckt ist, h_a = Raumhöhe + Dicke des Bodens	h_a	für Flächen von Dachterrassen, h_a = Höhe der umschließenden Bauteile
h_b	für Flächen in normalen Geschossen, h_b = Raumhöhe + Dicke der oberen Decke	h_b	für Flächen zwischen zwei umschlossenen Geschossen, h_b = Raumhöhe	h_b	für Flächen von auskragenden Bauteilen, h_b = Höhe des umschließenden Bauteiles + Dicke des Bodens
h_c	für Flächen in Geschossen, deren Decke zugleich Dachfläche ist, h_c = Raumhöhe + Dicke der Dachdecke	h_c	für Flächen unter nicht umschlossenem Geschoss, h_c = Raumhöhe + Dicke der oberen Decke		
h_d	für Flächen in Geschossen über offenen Durchfahrten oder Hallen, h_d = Raumhöhe + Dicke von Boden und Decke	h_d	für Flächen unter einem nicht umschlossenen Geschoss, h_d = Raumhöhe + Dicke von Boden und Decke		

Nicht zum Brutto-Rauminhalt gehören die Rauminhalte von Tief- und Flachgründungen, Lichtschächten, Außentreppen, Eingangsüberdachungen und Dachvorsprünge.

Kosten im Hochbau nach DIN 276

Tabelle A 43/1: Kostengliederung nach DIN 276 (Auszug)

Kostengruppen (1. Ebene)	Untergruppen (2. Ebene)
100 Grundstück	110 Grundstückswert 120 Grundstücksnebenkosten 130 Freimachen
200 Herrichten und Erschließen	210 Herrichten 220 Öffentliche Erschließung 230 Nichtöffentliche Erschließung 240 Ausgleichsabgaben 250 Übergangsmaßnahmen
300 Bauwerk – Baukonstruktionen	310 Baugrube 320 Gründung 330 Außenwände 340 Innenwände 350 Decken 360 Dächer 370 Baukonstruktive Einbauten 390 Sonstige Maßnahmen für Baukonstruktionen
400 Bauwerk – Technische Anlagen	410 Abwasser-, Wasser-, Gasanlagen 420 Wärmeversorgungsanlagen 430 Lufttechnische Anlagen 440 Starkstromanlagen 450 Fernmelde- und informationstechnische Anlagen 460 Förderanlagen 470 Nutzungsspezifische Anlagen 480 Gebäudeautomation 490 Sonstige Maßnahmen für Technische Anlagen
500 Außenanlagen	510 Geländeflächen 520 Befestigte Flächen 530 Baukonstruktionen in Außenanlagen 540 Technische Anlagen in Außenanlagen 550 Einbauten in Außenanlagen 560 Wasserflächen 570 Pflanz- und Saatflächen 590 Sonstige Außenanlagen
600 Ausstattung und Kunstwerke	610 Ausstattung 620 Kunstwerke
700 Baunebenkosten	710 Bauherrenaufgaben 720 Vorbereitung der Objektplanung 730 Architekten- und Ingenieurleistungen 740 Gutachten und Beratung 750 Künstlerische Leistungen 760 Finanzierungskosten 770 Allgemeine Baunebenkosten 790 Sonstige Baunebenkosten
Gesamtkosten	

13 Abrechnung von Bauleistungen

Tabelle A 44/1: Aufmaß und Abrechnung bei Mauerarbeiten nach VOB/C (DIN 18 330)

Bauteile	Abrechnungs-einheiten	Abrechnungsregeln
Mauerwerk	m, m^2, m^3	Für Bauteile aus Mauerwerk, Sicht- und Verblendmauerwerk liegen deren Maße zugrunde. Bei Wanddurchdringungen wird nur eine Wand durchgehend berücksichtigt, bei Wänden ungleicher Dicke die dickere Wand. Rahmen, Riegel, Ständer, Deckenbalken, Vorlagen und Fachwerkteile aus Holz, Beton oder Metall bis 30 cm Einzelbreite werden übermessen.
	m^3	Bei Abrechnung nach Raummaß (m^3) werden abgezogen: – Öffnungen und Nischen über 0,5 m^3 Einzelgröße – Schlitze für Rohrleitungen über je 0,1 m^2 Querschnittsgröße
	m^2	Bei Abrechnung nach Flächenmaß (m^2) werden abgezogen: – Öffnungen über 2,5 m^2 Einzelgröße – durchbindende Bauteile, z. B. Deckenplatten, über 0,5 m^2 Einzelgröße
	m	Bei Abrechnung nach Längenmaß werden Bauteile, wie z. B. Leibungen bei Sicht- und Verblendmauerwerk, Sohlbänke, Gesimse, Stürze, gemauerte Stufen usw., in ihrer größten Länge gemessen.
Schornsteine aus Formstücken	m	Bein Schornsteinen aus Formstücken wird das Längenmaß in der Achse bis Oberkante Formstück gemessen.
Bewehrung	kg, t	Bei Bewehrungsstahl (Liefern, Schneiden, Biegen, Einbauen) ist das errechnete Gewicht maßgebend.

Tabelle A 44/2: Aufmaß und Abrechnung bei Erdarbeiten nach VOB/C (DIN 18 300)

Bauteile	Abrechnungs-einheiten	Abrechnungsregeln
Aushub von Baugruben und Gräben	m^3	a) Die Aushubtiefe wird von der Oberfläche der auszuhebenden Baugrube bis zur Sohle der Baugrube gerechnet. b) Breite der Baugrubensohle: Außenmaße des Bauwerkes, zuzüglich mindestens 50 cm Arbeitsraum und der erforderlichen Maße für Schalungs- und Verbaukonstruktionen c) Böschungswinkel β, Böschungsbreite b in Abhängigkeit von der Baugrubentiefe t bei Bodenklasse 3 und 4 $\beta = 45°$ $b = t$ bei Bodenklasse 5 $\beta = 60°$ $b = 0{,}58\,t$ bei Bodenklasse 6 und 7 $\beta = 80°$ $b = 0{,}18\,t$
Einbau von Boden	m^3	Das Raummaß von Baukörpern, jeder Leitung, Sickerkörpern und Steinpackungen mit einem äußeren Querschnitt von mehr als 0,1 m^2 wird abgezogen.
Verdichten von Boden	m^2, m^3	Aufmaß wie beim Einbau von Boden

Tabelle A 45/1: Aufmaß und Abrechnung bei Betonarbeiten nach VOB/C (DIN 18 330)		
Bauteile, Schalung, Bewehrung	Abrechnungseinheiten	Abrechnungsarten
Bauteile aus Beton oder Stahlbeton	m², m³	Tatsächliche Abmessungen werden abgerechnet; durch die Bewehrung verdrängte Betonmengen, z. B. durch Betonstabstähle oder Profilstähle, werden nicht abgezogen.
Öffnungen in Bauteilen	m², m³	Bei Abrechnung nach Raummaß (m³): Öffnungen über 0,5 m³ sowie Schlitze u. ä. über 0,1 m³ je m Länge werden abgezogen. Bei Abrechnung nach Flächenmaß (m²): Öffnungen, Durchdringungen und Einbindungen über 2,5 m² Einzelgröße werden abgezogen.
Durchdringungen	m³	Bei Wanddurchdringungen wird nur eine Wand durchgerechnet, bei ungleicher Wanddicke die dickere Wand.
Einbindungen	m³	Bei Wänden, Pfeilervorlagen und Stützen, die in Decken einbinden, wird die Höhe von Oberfläche Rohdecke bzw. Fundament bis Unterfläche Rohdecke gerechnet.
Fugenbänder	m	Fugenbänder und -bleche u. Ä. werden nach ihrer größten Länge, z. B. bei Schrägschnitten, gerechnet.
Schalungen	m²	Die Schalung von Bauteilen wird in der Abwicklung der schalten Fläche gerechnet; Nischen, Schlitze, Kanäle, Fugen u. Ä. werden übermessen Deckenschalung wird zwischen Wänden und Unterzügen oder Balken nach den geschalten Flächen der Deckenplatten gerechnet. Schalung für Aussparungen wird bei der Abrechnung nach Flächenmaß in der Abwicklung der geschalten Betonfläche gerechnet. Öffnungen, Durchdringungen, Einbindungen, Anschlüsse von Bauteilen u. Ä. über 2,5 m² Einzelgröße werden abgezogen.
Bewehrung	kg, t	Das Gewicht der Bewehrung wird nach den Stahllisten abgerechnet; zur Bewehrung gehören auch die Unterstützungen, z. B. Stahlböcke und Abstandhalter aus Stahl.

Preisermittlung für Bauleistungen

Lohnkosten = Mittellohn · Anzahl der Arbeitsstunden

Baustoffkosten = Summe der Kosten für die einzelnen Baustoffe

Einzelkosten = Baustoffbedarf je Mengeneinheit · Preis je Mengeneinheit

Gerätekosten = Festkosten + Betriebskosten

Lohnkosten
+
Baustoffkosten
+
Sonstige Kosten (z. B. Gerätekosten) = Herstellkosten
+
Zuschlag für Gemeinkosten = Selbstkosten
+
Zuschlag für Wagnis und Gewinn = Einheitspreis

Sachwortverzeichnis